潜入万米深海

马玲琪 主编

许悦儒 绘

U0112644

河南科学技术出版社

· 郑州 ·

图书在版编目（CIP）数据

潜入万米深海 / 马玲琪主编；许悦儒绘. —郑州：河南科学技术出版社，2023.2

（"闪耀深空深海深地的中国科技"科普丛书）

ISBN 978-7-5725-0995-7

Ⅰ. ①潜… Ⅱ. ①马… ②许… Ⅲ. ①深海—海洋工程—中国—普及读物 Ⅳ. ①P751-49

中国版本图书馆CIP数据核字（2022）第181949号

顾问专家：戴民汉　黄邦钦

主　　编：马玲琪

编　　委：（排名不分先后）

安丽娜　白玉麟　蔡述杰　甘少敏
郭嘉宇　金璐倩　康建华　罗肇河
刘　尧　孙淑玉　佟竺殷　王佩璇
徐　超　杨　淳

出版发行：河南科学技术出版社
　　　　　地址：郑州市郑东新区祥盛街27号　　邮编：450016
　　　　　电话：（0371）65737028　65788642
　　　　　网址：www.hnstp.cn
策划编辑：王　丹　慕慧鸽
责任编辑：王　丹　慕慧鸽　杨　莉
责任校对：张萌萌
封面设计：张　伟
责任印制：宋　瑞
印　　刷：河南博雅彩印有限公司
经　　销：全国新华书店
开　　本：720 mm×1 020 mm　1/16　　印张：11.25　　字数：248千字
版　　次：2023年2月第1版　　2023年2月第1次印刷
定　　价：69.00元

他们都推荐这套书

《潜入万米深海》中不仅介绍了丰富的海洋科学知识，还讲述了人类的海洋探索史。它用平易有趣的语言，以海洋基础知识为经，人文探索、科技发展为纬，纵横交织了一部精彩的海洋时空画卷，可读可赏。

——中国科学院院士 张偲

《潜入万米深海》是送给青少年读者的一本"海洋手册"，解析海洋的方方面面，让读者跟随科考一线的科学家，身临其境地感受科考一线的精彩瞬间，畅游万米深海，像科研工作者一样去探索、去发现！

——福建台湾海峡海洋生态系统国家野外科学观测研究站站长、

厦门大学南强特聘教授 黄邦钦

《穿越46亿年深地》一书用真诚、朴实、准确而有趣的文字，告诉小朋友科学家为何要向地球深处挺进，是一部不可多得的科普作品。

——中国科学院院士、著名地质学家 朱日祥大多数读者可能知道我们的地球是由地壳、地幔和地核等圈层组成的，但是很少有人知道科学家是如何穿越时空获取地球内部结构的精确数据的，可能更少有读者知道人类在向地球深部进军的过程中，中国的科学家正在做着越来越多的贡献。《穿越46亿年深地》一书不仅向读者科普了一些地球科学知识，更是用简洁的语言和丰富的资料向读者讲述了科学家通过科学钻探手段，利用地球物理、地球化学等方法逐步解开地球结构之谜的故事，特别是书中重点讲述了中国地质工作者在科学钻探领域的贡献，值得一读。

　　　　　　——中国地质科学院地质研究所研究员、自然资源首席科学传播专家 苏德辰

　　由获得矿产之利又深受地震之害的唐山籍青年地质学家给小朋友普及地球知识，别有一番趣味：岩层一厘米记录一万年，向地心穿越46亿年，诙谐的文字将告诉你人类为何要穿越地下深处，以及穿越的方法和所遇到的"岩封"故事——它比尘封的故事更能体现地球如何厚待人类，又如何惊扰人类！

　　　　　　——中国地质科学院地球物理地球化学勘查研究所教授级高级工程师、自然资源首席科学传播专家 郭友钊

　　认识宇宙、认识太阳系，从《飞向浩瀚深空》这本书开始，它带你飞向浩瀚星空。

　　　　　　——中国科学院空间应用工程与技术中心研究员、航天战略专家 张伟

　　在《飞向浩瀚深空》一书中，作者用通俗易懂的语言介绍了宇

宙、太阳系和人类航天活动历史、应能激发更多青少年探索宇宙的决心。

——中国科学院国家空间科学中心研究员、中国空间科学学会科普工作委员会主任、中国航空科普大使 刘勇

地球只是广袤宇宙的一隅，却是所有人类的温暖摇篮。在《飞向浩瀚深空》一书中，张晟宇博士用他精湛的语言和丰富的知识，向我们展示了人类如何通过发展航天技术迈出摇篮，走向万象星辰。原来，人类的梦想，才是浩瀚星空中最亮的那颗。

——中国航天科普大使、瑞士伯尔尼大学天文航天学院中级研究员 毛新愿.

推 荐 序

福建台湾海峡海洋生态系统国家野外科学观测研究站站长、
厦门大学南强特聘教授

从事海洋生态研究的三十余年间，很多人问过我：大海最神秘的地方是什么？于我而言，它的汹涌澎湃和喜怒无常只是表象，那些肉眼看不见的世界中却别有一番天地，而这也恰好是我的研究方向。

从单细胞的浮游植物入手，探索海洋生态系统变化以及在地球气候调节中的作用。这些小小的生命虽然在浩瀚的海洋中微不可察，但是，它们在海水中通过光合作用吸收二氧化碳并将其转化为有机碳，用"迷你"的身躯以庞大的集群优势，吸收了自工业革命以来约三分之一的人为排放二氧化碳。这些"无言的付出"调节了大气中温室气体的浓度，缓解了日益严峻的全球气候变暖。

1987年12月，还是硕士研究生的我第一次登上科考船，参与台湾海峡海洋科学考察。当时恶劣的海况至今仍记忆犹新，一边晕船一边坚持工作，让我深切感受到了大海的威力。海洋科学考察从来都不容易，但努力移步向前探索大海的收获又时刻激励着我们前行。

集腋成裘，积沙成丘。我和我的团队非常珍惜每一次海洋科考的航次，这是海洋研究工作者能够收集第一手大海数据的机会。海图上密密麻麻的标记，记录着我们海洋科考的足迹。我带领的海洋环境生态学研究团队坚持在一线科考30余年，在中国海及邻近西太平洋主导或参与了150多个航次的现场观测，已建成西太平洋边缘海时空尺度最大最长、配套参数较为齐全的浮游植物群落生态学实测数据集，它们将在海洋生态系统长期变化和生物多样性等科学研究和海洋环境保护中发挥重要作用。

作为海洋人，在从事科学研究和人才培养之余，我们也肩负着科学传播的责任。中国的海洋研究起步较迟，但在近20多年来有长足的进步。在建设海洋强国等国家战略指引下，我国的海洋科学探索和研究已与20~30年前有了天翻地覆的变化，在国际上地位愈加提升。向海而生的厦门大学也在时代洪流中勇立潮头，为国家培养一批有竞争力、有创新和探索精神的科研团队，将严谨的治学态度、务实的科学精神、争创一流的探索血脉传承下去是我们义不容辞的使命。

作者马玲琪是我的博士毕业生，她读书期间态度积极，具有钻研精神，擅长以有趣的方式表达科学故事。同时，她也是一名重视教育的母亲，她带孩子探索和思考自然现象的举动让我触动。她参与科普创作，我虽感意外但也欣喜。科学应该是大众的，科普传播是重要且迫切的，科普书籍恰如开启小读者认识世界的钥匙。以这样的方式点燃小读者对于海洋科学的激情，即便是万分之一，也可能因此培养出了中国未来卓有建树的海洋科学家。

本书的主题——深海是神秘的，深海的探测和研究是重要且紧迫的。一方面，由于深海内部压力巨大，与太空探测相比，人类的深海探索更加困难重重，至今深海仍是地球的神秘之地。另一方面，20世纪以来，人类活动的影响已经从近海逐渐延伸到大洋甚至深海，守护深海也因此成了未来地球可持续发展的重中之重。我们只有更多地构架科学研究与群众科普的桥梁，才能更好地促进海洋科技的发展、海底工程的建设、深海资源的开发与保护。

《潜入万米深海》包含了丰富的海洋知识和深海秘辛，由浅至深地展示了海洋起源、深海探索以及人海关系等内容。书中搭配了生动有趣的语言和丰富的配图来描绘海洋中的生动科普故事。这也是一本彰显了中国科技的小书，希望小读者认识祖国的海洋科技，了解海洋的未来。

海洋是一个蔚蓝的窗口，更多地认识海洋、敬畏海洋，才能透过这个窗口，一窥地球的奥秘。希望小读者们通过阅读这本书，了解海洋的知识和奇奥，在领略一线科研工作者经历的同时燃起对海洋探索的兴趣。同时，也希望更多家长朋友循着本书的指引，带孩子一起探索海洋世界，相信会有各自的收获。

中国的深海探索足迹已经到达了海平面以下10 909米，这是人类探索的前沿，却是现在孩子们探索的起点。这是一路海洋知识和海洋科技的巡礼，希望突飞猛进的中国科技，能够闪耀在黑暗无光的海洋深处，照亮我们探索前进的脚步。

小蜗牛，驶向深蓝！

　　在充实的科学研究之余，陪伴女儿读绘本也是我的必修课，有一个关于海边蜗牛和大海鲸鱼的故事，启发了《潜入万米深海》的编写，跟大家分享。

　　礁石上的一只小蜗牛，盯着附近码头笛声往来的船只，产生了探索大海的愿望。幸运地，这只与众不同的小蜗牛得以搭载座头鲸，共探大海。他们游历了火山、沙滩，穿过骇浪和风暴，亲历了人类活动对大海的侵扰，也体会到了人类善良和团结的力量。最为可贵的是，小蜗牛的经历感染了它的族群，再一次，更多的蜗牛一起乘着座头鲸，破浪前行。

　　作为海洋科研工作者，我们也像小蜗牛一样对未知充满好奇，对大海保持敬畏，也会格外珍惜每次乘坐科学考察船出海工作的机会。2014年7月，我有幸跟随厦门大学课题组成员登上"延平2号"科考船，参加了国家自然科学基金委共享航次计划的台湾海峡夏季第二航段，这是我第一次被大海的瑰丽和科考的坚毅征服。至今，我仍保持着每年1~2次的出海频率，参与海洋的现场考察研究工作。

　　当科学考察船驶离码头，海水的颜色由些许浑浊的天青色逐渐过渡为澄澈的湛蓝。地平线消失，360度环望，只剩海天一线。

　　在蓝得令人心醉的海面上，我们科学地布放现代化精密仪器设备、采集形态各式的样品或者进行现场实验。返回陆地后，一般还需进

行样品测定和分析，再结合室内实验、卫星遥感、数理统计、模型模拟或机器学习等技术手段来探索、揭示大海的自然规律和神秘故事。

海上的工作不全是"一帆风顺"的。船载科考人员首先要克服的是"晕船"的生理反应，很幸运，我在首航中超额完成了既定科考任务，被大海检验为"不晕船的女汉子"。在后来的航次中，我经历了暴雨天气的艰难作业，见证了举全船之人力、物力实施精密设备的布放回收；震撼于海上"放肆"喷薄的日出，惊叹过层层可"踏"的七彩"祥云"；听过海豚欢快的嬉戏，触摸过三千米深处海水的冰冷，抱过脸盆大小的鱿鱼，也领略过深海野生海鱼的肥美。科学考察船自船长、轮机长至船员，自首席科学家至科考新人，是可爱且团结的，每一次"出海"都是独一无二的。而我，在海洋探索的航行中，收获了博士学位，和一份充满活力的事业。

"拥有"座头鲸的蜗牛们是幸运的，在"加快建设海洋强国"政策指引下的我们也是幸福的。

2016年，中国4 500米载人潜水器以及万米深潜作业的工作母船——"探索一号"竣工海试，并在马里亚纳海沟海域成功开展了我国第一次综合性万米深渊科考。

2017年，"嘉庚"号综合科学考察船交付厦门大学使用，船上配备国内唯一一套"超洁净痕量元素专用采水系统"，同时也是我国第一艘获得DNV GL水下辐射噪声SILENT证书的船舶，其噪声控制水平达到了世界领先水平。

2018年，"向阳红01"号综合科学考察船圆满完成中国首次环球海洋综合科学考察。

2019年，我国首艘自主建造的具备双向破冰能力的极地科考船"雪龙2"号，与"雪龙"号共同执行我国第36次南极考察任务，开启了"双龙探极"新时代。

2021年，"实验6"号综合科学考察船从广州新洲码头起锚，开启首航……

年少时的我，可能和你一样，对大海有着谜之向往；在厦门大学每年如期举办的海洋科普活动中，人们对海洋关切并忧心；在媒体报道中，我们常常可以看到人类活动以及全球气候变化使得海洋环境遭遇危机、部分海洋生物濒临灭绝，海洋的命运深深影响着我们的生活和人类的未来。我们知其然，更要知其所以然。只有深入认识海洋，才能够更好地保护我们人类的家园。

所以，我们集结近海海洋环境科学国家重点实验室（厦门大学）与70.8海洋媒体实验室、福建台湾海峡海洋生态系统国家野外科学观测研究站和自然资源部第三海洋研究所的一线科学考察成员，组成创作团队，同时，为了增加科普知识的可读性，有幸邀请到齐鲁晚报记者孙淑玉参与修改润色。由于海洋科学发展迅速，且编者水平有限，欢迎各界人士对书中论点批评指正。我们试图用朴素的语言，在《潜入万米深海》一书中揭开深海神秘面纱的一角：由浅至深描述了海洋的基本特征，由小至大介绍了海洋神奇生物，由近至远讲述了探海智慧和科技，由微观至宏观阐述了海洋生态系统。愿这些深入浅出的海洋科学，可以帮助到想要了解更多海洋知识的你。少年强，则国强；海洋兴，则国兴。也期待，你可以像小蜗牛一样，一个灵魂的觉醒，传递到一个民族的"振兴"。

希望这本记录着科考脚步的"船只"，为你带来深海的消息。我们虽没有座头鲸伟岸的身躯，却愿用自己沉着的肩膀，为与众不同的你，搭起探秘海洋的桥梁。

马玲琪

2022年9月14日于厦门珍珠湾花园

小读者们，万米深海之旅就要开始了。我们要跟随书里的内容一步步潜入深海，开始崭新的旅程了。在这场奇妙的科学之旅中，潜入深海的机械"精灵"——"奋斗者"号全海深载人潜水器会不时出现，给我们讲解富有魅力的科学知识。海洋深处的"主人"——座头鲸，像一位老朋友一样，向我们娓娓道来它对科技的人文思考和发现。

让我们随着它们，开启我们的旅程吧！

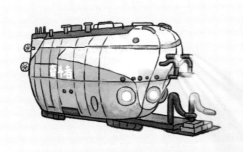

"奋斗者"号深潜器

座头鲸

目 录

第一章
蔚蓝的、浩瀚的海洋

第二章

热热闹闹的寂静

第三章

海底两万里的科技智慧

第四章

纯粹的深蓝

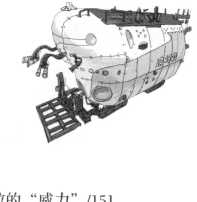

第一章

蔚蓝的、浩瀚的海洋

海洋，是火山喷出来的吗？

　　想象一下，如果有一天你意外获得了比非洲巨蛙还强的弹跳力，一跃飞到外太空，再来回望我们生活的地球会是怎样的景象？毫无疑问，你看到的充满生机的蓝色星球，会是个"水球"。而地球的这种生机，正是来自覆盖了地表面积约70.8%的海洋。

但其实，在很早很早之前，地球表面并不像现在这般被水覆盖。海洋究竟是怎么形成的？所谓"沧海桑田"，让我们跟随时间的脚步追踪海洋的演化吧。

想弄清海洋诞生的奥秘，就要先从地球的起源说起。大部分研究认为，46亿年前，在引力的作用下，太阳系中的尘埃、彗星、小行星等相互结合，形成了最早的地球。这个时期的地球温度很高，也极为不稳定。一方面，由于自身引力不断增大，地球开始急剧收缩，释放出大量热能。同时陨石和小行星也飞蛾扑火般撞向地球，产生了不可估量的热能，地球成了"火球"。另一方面，剧烈的震荡使得地球上地震和火山爆发此起彼落，此前火山吞进"肚子"里的大量冰块，通过岩浆活动和火山爆发释放出来，然后冷凝成雨水，汇集在一起，从而形成了江河湖海，这也就是原始海洋的由来。

据此，有人认为"海洋之水天上来"以及海洋是火山"喷"出来的，都不为过。

值得注意的是，原始海洋中的海水并不是咸的。由于水分长年累月地大量蒸发，形成雨水冲刷地面，把陆地上岩石和土壤中的盐分溶解，然后带入海水中，在这样积年累月的作用下，海水才有了如今的成分组成。

海洋起源之后，与陆地之间的关系也并非一成不变的。"大陆

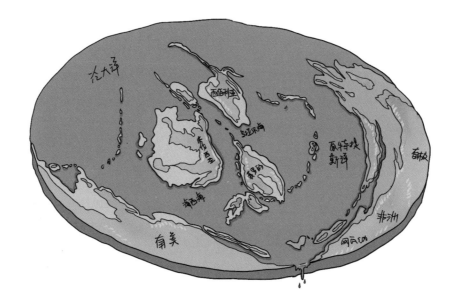

世界地图

审图号：GS(2016)2950号
自然资源部 监制

漂移学说"认为，早期的地球上只有一块"超级大陆"，也被称为**"泛大陆"**或者"联合古陆"。而包围这个"泛大陆"的海洋就被称为**"泛大洋"**或者"古太平洋"。随后，由于熔岩从地球内部上涌，"泛大陆"四分五裂，碎块发生漂移，分别在侏罗纪时期、白垩纪初期和5 000多年前破裂分离形成现在的大西洋、印度洋和北冰洋，而后经过漫长的演变才形成现在"七大洲和五大洋"的基本格局。

直至今日，大陆板块的运动也从未停止过。看看全球陆地变化对比，你就能更直观地感受这种运动的"能量"了。许多小岛逐渐被海水淹没，

泛大陆，泛大洋

魏格纳提出的"大陆漂移学说"认为，地球上所有的大陆在大约2.5亿年以前是连成一体的泛大陆，大洋也是一体的泛大洋，后来泛大陆发生了裂解、漂移和重组，大陆之间被海洋隔开，逐渐形成了今天的海陆格局。

造成泛大陆裂解、漂移和重组的动力来自哪里？现在的海陆格局是如何形成的？

地球深处写满了地球亿万年的进化历史，本系列丛书中的《穿越46亿年深地》带你挺进地心。

陆地被海洋分割开来，从几亿年前的"泛大陆"与"泛大洋"到如今我们生活的陆地和海洋，地球每天都在以你感觉不到的速度发生着变化。就这样，"沧海桑田"的故事慢慢拉开了帷幕。如今，我们发现地中海的面积正在缩小，珠穆朗玛峰的高度正在升高，这其

实都与板块运动有关。

不久之前，我们对地球的认识还是"四大洋、七大洲"，而不是如今的"五大洋"。除太平洋、大西洋、北冰洋和印度洋外，新"增加"的"南大洋"是怎么回事呢？其实，南大洋的水体并不是突然出现的，但其形成确实较其他四位"老大哥"晚一些。约3 400万年前，南极洲和南美洲分离时，环绕南极洲的洋流才开始出现。如今，随着海洋研究的深入，人们发现南极环流在南极洲周围从西向东流动，存在固定的水团，具有稳定独立的生态系统，并对全球热量的传输起到了重要的作用。因此，2021年6月8日世界海洋日，美国国家地理学会认证"南大洋"为世界"第五大洋"。

我们有时将大海称为"海洋"，其实在严格意义上的"海"与"洋"并不是一回事。海洋与陆地的关系也可以用来区分"海"和"洋"。远离大陆的海洋中占海水表面积的89%，这部分水体的厚度一般大于3 000米，则称之为"洋"，如太平洋、印度洋等；位于"洋"的边缘与陆地连接的"浅水"区域，则称之为"海"，如东海、黄海受陆地影响较少，陆架区的边缘海则容易受到陆地径流等影响，这也是研究海洋科学时需要注意的问题。

海洋是广袤的，蔚蓝且神秘，她历尽沧桑形成当今的模样，呈现在你我眼前。她因容纳百川万象而让人敬畏，因孕育了生命而弥足珍贵，因守护地球家园而不可替代。让我们一起跟随时间的脚印，走近她，探索她，爱护她！

海里都是大怪物？

还记得《海底两万里》中的巨型章鱼吗？它总是出其不意地用长长的触手，将过往船只残暴地拖入海底，导致船毁人亡。不论是古书典籍还是神话故事中，深海怪兽总是一副狰狞的模样，与之伴随而来的往往是无可挽回的海难。在没有科技加持的年代，想了解陆地的"好邻居"大海实在是太难了。有人不禁遐想万千，如果把海水抽干，是不是大怪物就无处遁形了？

光怪陆离的海洋神怪，口耳相传的神话故事，真实的山川大海与虚构的边远极地相互交织。千百年来，无法准确探知海洋秘密的人类只能用神话故事来表达对大海的敬畏与热爱。

海里真的都是大怪物吗？

无法亲自探秘变幻莫测的海底世界，人们便将内心对于深海探索的想象寄托在了"人鱼"的故事里。中国很早就有关于鲛人的传说，《**搜神记**》中描述鲛人的眼泪是稀世的珍珠，足见在古人的想象中，海底的奇珍异宝何其之多。如果真能随"人鱼"或是鲛人潜入深海去看看，想必会让人大吃一惊吧！

《西游记》里孙悟空大闹东海龙宫，海底不仅有数不清的虾兵蟹将，还有浑圆的珍珠以及熠熠闪光的各种宝贝，更不必说"镇海之宝"——如意金箍棒。这些海底"宝藏"吸引着一代又一代人前赴后继地开启探海之旅。

可是，在浩瀚的大海面前，人类是如此的渺小，无法疏解对大海的敬畏，人们只能寄情于神话故事中的人物。

《搜神记》

"南海之外，有鲛人，水居如鱼，不废织绩。其眼泣，则能出珠。"

这句话的意思是，南海郡境外的海中有鲛人，他们像鱼一样在水中生活，（同时）不舍弃（在岸上的）纺织工作，他哭的时候能哭出珍珠。

精卫填海

传说，炎帝有个女儿叫女娃，本与大海无冤无仇，却在游玩时不幸淹死在大海中。因恨化鸟，死后的女娃从山上衔来石头与草木置入海中，想要把大海填平。由于这只鸟总发出"精卫精卫"的悲鸣，故名精卫。所以有了精卫填海的典故。

"精卫填海" 的典故就体现了古人对大海的畏惧以及想要挑战大海的决心。和大海相比，精卫鸟既渺小又脆弱，但它依然有百折不回的毅力，这又何尝不是人类一往无前勇敢探索海洋的缩影？

无法掌握命运的人类，同时希望从大海中获取更多馈赠，便期待万能的神明能常伴左右。居住于深海龙宫的四海龙王遨游于天地之间，布云施雨，被认为是能庇佑百姓丰收的神；妈祖因奉献生命帮助以捕鱼为生的乡亲，被奉为海洋女神。至今，海边村庄一些人们仍保留着祭祀龙王或者纪念妈祖的传统仪式，祈愿渔民能一帆风顺、安全出航。

　　在想象和神话织就的海洋认知之外，人类也以行动践行着对海洋的探索。古代人看到了**落叶的漂浮**现象后，制造出葫芦舟、独木舟等工具，随后人类又建造出船只，可以在海边网虾、捕鱼等。《竹书纪年》中提到了夏朝帝王"东狩于海，获大鱼"，说明夏代的造船技术已有了长足的进步。

　　器具之利使得人们对大海的探索得以更深入地进行。明朝郑和下西洋传播中华文化，1519—1522年葡萄牙航海家麦哲伦等完成了人类历史上第一次环球航行。这一次次的航海探险推动着海洋科学技术的发展，人们对于深海的探索不断加深。此后，英国人库克在海洋探险过程中进行了早期的科学考察，获得了关于大洋表层水温、海流和海深以及珊瑚

落叶的漂浮

　　《世本》记载："古者观落叶，因以为舟。"

　　意思是，古人看到落叶漂浮于水上，受到启发，做出了小船这样的交通工具。

礁等资料。这些探索和成果推动了近代自然科学的发展，更重要的是，帮助人们开始科学地认识海洋。

1687年，牛顿用万有引力定律解释潮汐，奠定了潮汐研究的科学基础。1772年，法国人A.L.拉瓦锡首先测定海水成分。此后，达尔文根据随"贝格尔"号环球航行的发现提出了珊瑚礁成因的沉降说。1872—1876年，英国"挑战者"号在12万千米多的航程中，获取了海洋气象、海流、水温、海水化学成分、海洋生物和海底沉积物等多方面数据，为现代海洋学研究开启了新篇章。至此，人们对海洋的奥秘已经有了新的认识，"海里都是大怪物"的想象与恐惧不攻自破。

随着现代海洋科学的发展，我国的"海洋强国"战略取得开创性进展，我们的海洋科考已从近海走向远海，从真光层探向弱光层直至深海，并在海洋资源开发、海洋经济发展、海洋科技创新、海洋生态文明建设等方面取得了长足的进步。正当乘风破浪探海时，欢迎你的加入！

从赤道到极地，每片海都有个性

尽管浩瀚的海洋将陆地分隔成大小不一的大陆和岛屿，海洋本身却是互相贯通、同气连枝的"好伙伴"。世界大洋共有五位"兄弟姐妹"，按照面积从大到小分别是太平洋、大西洋、印度洋、南大洋和北冰洋。

乍看上去，各大洋水流交互，一副"其乐融融"的模样，但如果仔细探究就会发现，从赤道到极地，每片海都有"个性"。太平洋未必真"太平"，北冰洋也不是想象中"冷冰冰"的模样。

先从"老大哥"太平洋说起。太平洋连接亚洲、大洋洲、南极洲和美洲，是世界上面积最大、最深且包含岛屿最多的大洋，它的整体面积比所有陆地加起来还要大，差不多有18个中国那么大。它不仅面积大，也是最"温暖"（平均水温最高）的大洋。"太平洋"一词最早出现于16世纪20年代，是由航海家麦哲伦及其船队首先命名的。不过，千万别被它的名字和"温暖"误导了，太平洋其实并不"太平"。除了赤道无风带的海域，大部分太平洋海域还是很有"脾气"的。

太平洋海域十分广阔，流系十分复杂。赤道附近的洋流在**信风**影响下自东向西运动，形成南、北赤道暖流。

信风

在低空从副热带高压带吹向赤道低气压带的风。

温暖的海水常常是推动热带气旋的燃料，因此，在太平洋的低纬度地区，每年夏末秋初，台风带着惊涛骇浪从大洋向近岸席卷，菲律宾以东以及中国南海等低纬度地区都会被台风侵扰。到了太平洋南半球中纬度地区，在令人闻风丧胆的西风带的影响下，海上经常形成巨大的风浪，它被称为暴风圈，也被海上科考人员称为"魔鬼西风带"，这里常常掀起五米高的浪涌，甚至形成孤立峰，是早期阻挡人类进入南极的一道"鬼门关"。而极地东风带则控制着太平洋的部分高纬度地区，冬季强劲的寒风也常在海上掀起滔天巨浪。

相比太平洋的"暴脾气"，大西洋或许更容易捉摸。形状像"S"的大西洋南北延伸、赤道横贯其中部，所以，大西洋的气候带齐全，且南北对称。也因为大西洋南北跨度大且受到极地冷水影响，所以其表层平均水温比太平洋低。大西洋的环流也由赤道将南北分开，在南北副热带海区各形成一个巨大的反气旋型环流系统，北大西洋为顺时针环流，南大西洋为逆时针环流，在两大环流系统之间的赤道海区有一支赤道逆流。

在北大西洋，以顺时针方向流动的墨西哥湾暖流，它是世界大洋中最强大的一支暖流，它将低纬度温暖的海水输送到寒冷的高纬度地区，对欧洲的气候调节起到了重要的作用。

印度洋位于亚洲、南极洲、非洲与澳大利亚大陆之间。与同纬度的太平洋和大西洋相比，其气温更高。这不仅因为印度洋大部分位于热带地区，还与其海陆分布有关。印度洋北面是完全封闭的，北部靠近亚洲大陆，南部为开放大洋，海陆差异以及信风带的季节性变化使得印度洋北部形成了热带季风气候，因此同纬度中，其气温更高，同时，也形成了北印度洋特有的一种洋流——季风洋流。

冬季，印度洋北部吹东北季风，受地球转偏向力影响，使北部孟加拉湾海水自东向西流，我们叫它索马里季风洋流。夏季，南印度洋东南信风使南赤道暖流向西流到科摩罗群岛附近分为两支，南向流被称为莫桑比克暖流；北向流则是特殊的从低纬度流向高纬度的寒流，称为索马里寒流。

北冰洋是世界最小、最浅和最冷的大洋。其面积不足太平洋面积的1/10，不过"人不可貌相，海水不可斗量"，北冰洋像一个圆一样跨越了360度，是跨越了所有经度的大洋，如果我们能**在北极点盖房子**，那么你就会在这里收获一栋四面八方都是朝着南方的特殊房子。由于很少得到太阳的辐射，北冰洋中心终年被冰雪覆盖。别看北冰洋一副"冷冰冰"的模样，但它却是名副其实的生机勃勃。每年春季北大西洋暖流都会为北冰洋的**边缘海**带来丰富的营养盐，促进了浮游生物生长，有了美食，鱼儿自然闻讯而来，北冰洋深处也因此始终鱼群环绕，有"黄金渔场"之称。

作为"小弟"，北冰洋表层也有两支活跃的洋流，分别为西斯匹次卑尔根暖流和东格陵兰底层冷水流，它们主要控制着北冰洋与外界的水交换以及带动

我们可能在北极点盖房子吗？

北极点没有陆地，不能盖普通意义上的房子哟。中国首个北极科考站"黄河站"则是建立在北冰洋的斯匹次卑尔根群岛（挪威）上。

边缘海

又称"陆缘海"，是位于大陆和大洋边缘的海洋，其一侧以大陆为界，另一侧以半岛、岛屿或岛弧与大洋分隔，但水流交换通畅。如我国黄海、东海、南海均属于西太平洋边缘海，具有重要的生态意义和战略价值。

北冰洋的浮冰不断变化、漂移。

南大洋作为刚被认可不久的新成员，也"个性十足"。南大洋的水体不以陆地为界，是世界上唯一完全环绕地球却未被大陆分隔的大洋。由于南大洋环绕在南极四周，常年被冰雪覆盖，它也是地球上风力最大、最危险的大洋。如今，由于全球变暖，南极的冰层融化，造成海平面上升，南大洋在全球生态系统中的作用也更加被重视。随着海洋研究的深入，人们对南大洋的认可也体现了当今世界更加重视生态保护、爱护地球家园。

南极科学考察站有哪些？

继中国南极长城站、中国南极中山站、中国南极昆仑站和中国南极泰山站之后，正在南极的恩克斯堡岛筹建第五个科考站——中国南极罗斯海新站。

为了更好地探索南极与南大洋的奥秘及其与全球气候变化的关系，我国已经有四座正在运转的**南极科学考察站**了。未来肯定还会筹建更多科考站，你会成为其中的研究人员吗？

台风从哪里来?

1980年9月8日，英国散货巨轮"德拜夏尔"号途经西太平洋前往日本。这艘堪称当时世界上最"强壮"的轮船在海上十分耀眼，它的驾驶台有10层楼那么高，船体宽50米，长度达300米，比"泰坦尼克"号还大一倍。当它载着15万

飓风，是台风的"亲戚"吗?

飓风和台风是同一种天气现象，它们都属于热带气旋。

刚形成的、较弱的热带气旋称为"热带低气压"，如果低气压增强，最大持续风速达到约63千米/时，就会被称为"热带风暴"；当其持续增强，最大持续风速达到约119千米/时或更高时，它就会被称为飓风、台风或热带气旋，称谓的选择基本是由风暴在世界上的起源地决定的。

在北大西洋、北太平洋中部和北太平洋东部，使用"飓风"一词；西北太平洋的同类型扰动称为"台风"，我们国家周边海域则位于这一区域，因此我们常用"台风"一词；同时，在南太平洋和印度洋，无论与天气系统相关的风的强度如何，都会使用"热带气旋"的总称。

吨铁矿石来到日本海域时，离奇地，在没能发出任何求救信号的情

况下，"德拜夏尔"号与搭载的44名船员神秘失踪。事后调查得知，这一悲剧的罪魁祸首正是名为"兰花"的**台风**。那么问题来了，台风究竟是怎么产生的？

想弄清台风的奥秘，还要从大海说起。台风其实是由海洋和大气共同孕育的，它的本质是热带气旋。由于大海吸收了大部分的太阳能量，温热的海水蒸发出大量的水蒸气升入空中，在海平面形成了低气压中心。随着湿热空气的上升，四周的冷空气会向低气压中心聚集。在地球自转的影响下，流入低气压中心的空气也随之旋转起来，形成巨大的旋转风暴。听上去似乎有点复杂，但可将其想象成家中洗手盆放水时形成的一圈圈**水漩涡**在"逆行"，不断将水汽旋转着吸收至上方，你就能明白热带气旋是怎样形成的了。只要气温不下降，这个热带气旋就会越来越大。最后形成的台风，其实是大海释放能量的一种

台风是顺时针还是逆时针旋转的？

在北半球，台风是逆时针旋转，在南半球则是顺时针旋转，主要是受到了地转偏向力的影响。地转偏向力是形成台风的一个重要因素，由于地球的自转作用会使气流偏离，在北半球，向北移动的空气会向东弯曲，而向南移动的空气向西弯曲，因此北半球的台风是逆时针旋转。而南半球则正好相反。可以猜到，在赤道地区一般不会形成台风。

形式。

热带气旋本身并不可怕，尤其是被称为"台风眼"的中心区域，通常都很平静，只是闷热而已。可由于热带气旋内外部的压力差较大，台风登陆往往会引发如高强度的降水、风暴以及海啸等灾难性天气，给人类的人身和财产安全带来巨大威胁，所以很多人"闻台风而色变"。

我国毗邻西北太平洋，该海域是台风发生最为集中的区域之一。时速120千米的台风可轻松卷起20米高的海浪，当海浪撞上反方向运动的洋流后，又能变成7层楼高的惊涛骇浪。几乎每年，我国沿海地区都会遭到台风

的侵袭。2018年9月16日，**台风"山竹"**在广东台山海宴镇登陆，登陆时中心附近最大风力14级，即使当时已有卫星遥感结合数值模拟等手段可以较为准确预测台风路径，但它仍然造成了相当大的破坏。

在我们的印象中，似乎台风只会带来灾难，但真的是这样吗？

台风，本质上是大自然自我调节的一种方式，它带来的能量流动可使地球保持热平衡。如果没有台风，世界各地的冷热平衡将更不均匀，热带更热，寒带也会更冷，温带地区很可能会直接从地球上消失。比如我国的"春城"昆明、"北大仓"、内蒙古草原等地就可能不复存在。同时，台风带来的丰沛降水对改善沿海地区的淡水供应和生态平衡具有十分重要的作用。除此之外，台风还会带来海水流动，丰富海水的营养和氧气，促进海洋初级生产力，具有提高渔获量的潜在价值。因此，台风也有"可爱"的一面。

　　如今，随着卫星遥感、天气雷达和计算机数值模拟等技术的发展，人们对台风有了更多的了解。要知道，赤道附近的对流云团是此起彼伏、复杂多变的，到底哪个才最有可能发展成为台风呢？气象预报员会通过特定的分析软件进行监测，并综合考虑环境大气各种因子的影响，构建一个因子相互关连的数学公式，从而推算出台风生成的概率。在台风形成并靠近陆地后，自动气象站、海洋气象浮标站、船载自动气象站、沿海天气雷达等更多观测手段会给人们提供更多的气象要素资料，让人们能够在主客观手段相结合中，预测台风的动向。

　　尽管台风的生成和发展并不可控，但熟悉掌握台风的特点后，通过科学、有效的部署，可以防患于未然，减少台风对人类造成的生命财产损失。而且，随着科学的发展，台风中巨大能量的"释放"或可转化为大自然的能量"馈赠"，这也是十分有价值的课题。如果你也有兴趣，不妨一起加入研究吧！

海里也有大"断崖"

1963年，美国的"长尾鲨"号潜艇在下潜到300米左右时，忽然沉入海底，不幸与其一起沉没的还有129名船员。到底发生了什么？关于这起事故的原因，众说纷纭。无独有偶，1968年以色列载有69名船员的"达喀尔"号潜艇也在地中海离奇消失了，直到1999年才在3 000米深的海底发现了潜艇残骸。这不禁令人们猜想，海洋中是否存在某种神秘力量，在不可预知的情况下改变了潜艇的行驶环境？就像陆地上的汽车遇到突然出现的悬崖无法刹车一样，海洋中是否也有类似的"断崖"，让这些潜艇在毫无防备的情况下失足跌入海底？

随着科学研究的深入，人们发现，海洋上下并不是混合均匀的水体，而更像是一个"千层蛋糕"。一般来说，温度越低、盐度越大，水体密度越大，就会越沉，所以海洋大"千层"的每个水层都有不同的温度、盐度、密度特征，层层堆积，形成了海洋水体的基本环境。潜艇在这样层化海水中潜行时，上层海水密度低，下层海

水密度高，受到的浮力大于重力，就会像汽车在陆地上一样平稳，行驶在"液体海底"之上。

可是海洋是一个复杂的大环境，当海水受到一些因素影响，比如内波、洋流等，相邻的水体会出现性质的巨大差异，就有可能形成海中"断崖"。

潜艇行进时若不幸进入该海域，所受浮力会瞬间变小，潜艇的沉浮平衡被打破，会迅速下沉，而此时的潜艇承受的压强不断增加，若不能及时自救，就会引发几乎毁灭性的"掉深事件"。

尽管海中"断崖"很可怕，但也不必过于绝望，因为掌握了"断崖"的特性，做到临危不惧、处置得当，也可化险为夷。2014年，我国海军372潜艇在水下航行时遭遇了浮力陡降的"断崖"事件，正常行驶中的潜艇忽然迅速下沉，警报声响起，主机舱进水，管道破裂，幸而全体成员训练有素，在最短时间内完成了复杂且高质量的拯救工作，使潜艇重力降低，顺利脱险上浮。

海水的温度、盐度、密度差异，不只是带来可怕的灾难，也可以驱动海洋内部的循环，影响海洋生态系统。

不难想象，由于太阳辐射的红外光大部分被表层海水吸收，

哪些因素会导致海中"断崖"的产生？

正常情况下，温度高、密度小的海水浮在温度低、密度大的海水上面，在什么情况下才会出现反常的"密度跃层"现象呢？

1. 海洋内波。当海底发生火山喷发、地震等剧烈外力干扰时，会在本来正常层化的海水中产生内波扰动，在内波的波谷与波峰之间，就有可能出现反常的密度跃层。

2. 深海地貌断层。冰冷的下层洋流可以沿海底断层爬升，从而导致下层海水与上层海水位置互换；

3. 海水温度骤变，比如地壳运动导致海底出现了热异常，从而使下层海水由于温度骤升而密度变小。

目前来说，人类并不能准确预知海底断崖的存在。

海洋表层的水温都会高于深处，同样的道理，在赤道附近的海水由于蒸发作用，表层盐度也高于深处。在地球自转等因素的影响下，表层海水从赤道流向两极，在南北极冰冷的环境下，表层海水会冷却结冰，这增加了剩余海水的盐度，使它们变得又冷又咸、密度增加，从而沉入海底；随后，两极的下层海水在密度的推动下又流回赤道。在这个"环流"旅行的过程中，赤道的热量为高纬度地区带来了温暖，在全球范围内输送了热量和营养物质，调节了海洋的生态环境和全球的气候。

于是我们知道了，海水温度、盐度、密度是重要的海洋水文要素，有时会带来潜在的灾难，还可以引发调节全球气候的"环流"。除此之外，海洋水文要素也制约着海洋生物的分布、数量、繁殖季节等生命过程，也影响着海平面变化、气候变暖、大气环流等气候要素，是海洋生态系统的关键变量。只有掌握了基本的海水特征，才能更好地在复杂的海洋中徜徉，更深入地关注环境的可持续发展和全球气候变化。

走，去海边！

"黄金的沙滩镶着白银的波浪，开花的绿树掩映着层层雕窗，最高的悬岩又招来张帆的风，水上的鼓浪屿，一只彩色的楼船……"著名诗人蔡其矫在《鼓浪屿》中的描述让人忍不住心生向往，碧海蓝天间，海风拂面之下，约上三五好友到海边或抓蟹挖蛤，或漫游海水浴场，怎一个惬意了得！

是不是有点心动？别着急，想去海滩游玩，还有一个事关安全的问题要注意，那就是潮汐！

潮汐与人们的生活息息相关，有人将其诗意地称为"大海的呼

> **鼓浪屿**
> 蔡其矫
>
> 黄金的沙滩镶着白银的波浪，
> 开花的绿树掩映着层层雕窗，
> 最高的悬岩又招来张帆的风，
> 水上的鼓浪屿，
> 一只彩色的楼船。
> 每一座墙头全覆盖新鲜绿叶，
> 每一条街道都飘动醉人花香，
> 蝴蝶和蜜蜂成年不断地奔忙，
> 花间的鼓浪屿，
> 永不归去的春天。
> 夜幕在天空张开透明的罗帐，
> 变化中的明暗好比起伏呼吸，
> 无数的灯光是她衣上的宝石，
> 月下的鼓浪屿，
> 在睡眠中的美人。

吸"。神秘的大海"阴晴不定"，浪花时而气势磅礴地向前猛拍海岸，让人不敢靠近；时而似顽皮的孩子，笑闹间缓缓退出海滩，露出神秘的赶海寻宝胜地——潮间带。大海"呼吸"的怪脾气是否有规律呢？

还真有！智慧的前辈们很早就发现每天的早晚有一次海水水位的涨落，因此宋代有"大海之水，朝生为潮，夕生为汐"的记载。后来人们发现海水的涨落变化与太阳、月亮、地球的相对位置和地球的自转有关。月有阴晴圆缺，农谚中**"初一十五涨大潮，初八二十三到处见海滩"**是较为准确的潮汐规律。

初一十五涨大潮
初八二十三到处见海滩

初一太阳和月球在地球的一侧，形成最大的引潮力，所以会引起"大潮"。在农历每月的十五或十六前后，太阳和月亮在地球的两侧，太阳和月球的引潮力你推我拉也会引起"大潮"。在月相为上弦和下弦时，即农历的初八和二十三时，太阳引潮力和月球引潮力互相抵消了一部分，所以就发生了"小潮"，故农谚中有"初一十五涨大潮，初八二十三到处见海滩"之说。

天体引潮力

指月球和太阳对地球上单位质量的物体的引力，以及地球绕地月公共质心旋转时所产生的惯性离心力，这两种力组成的合力，是引起潮汐的原动力。

潮间带

在一个涨落的周期中，海水上涨的过程称为涨潮，到达最高点叫高潮；海水下降的过程叫退潮，到达最低点叫低潮，从高潮时海水淹没的地方开始至低潮时露出水面的范围，称为"潮间带"，也就是高潮与低潮之间的地带。

值得注意的是，在海边实际发生的海平面变化不仅受到**天体引潮力**的影响，还与近岸的风和气压有关，各地的潮时、潮位复杂多变，因此为了避免空跑，我们可以参照各地发布的潮汐时间表提前制订最佳赶海计划，顺利抵达潮间带，来一场难忘的赶海之旅。

潮间带可以缓冲海浪直

接冲击陆地的力量，诸如沙滩、红树林、滩涂、盐沼，都是重要的潮间带生态系统。涨潮时潮间带被海水浸泡，退潮后又可能被阳光照射，剧烈的环境变化使得一般生物很难在这里生存，而生物群落多样性与潮间带生态系统的稳定性、修复力息息相关。以人们常见的海滩为例，在潮间带的不同位置，总有相应的"勇士"存在。

在最干燥的飞沫带，有海蟑螂、少数螺类的身影。其中，生活在礁石上的滨螺发育有厚厚的外壳，当海水退去，环境变得干燥时，它们会分泌黏液来减少身体水分的蒸发。在只有潮位较高时才会被海水淹没的上潮带，生存着藤壶、海莴苣（一种绿藻）、少数螺类、蟹类等耐受力较强的生物。其中，藤壶附着在粗糙的礁

石上，它们拥有坚硬的外壳保护着柔软的身躯；沙蟹行动敏捷，多见于沙滩较深的洞中。在一天之中有部分时间被海水淹没的中潮带，水环境适宜，多数情况下，是物种最为丰富的潮间带区域，绿藻、红藻、藤壶、牡蛎、贻贝、短石蜑、甲虫螺、黑凹螺、单齿螺、寄居蟹、钩虾、潮虫、海葵、海蟑螂等生物均有分布。而在水分最为充足的下潮带，则可发现海星、钩虾、海绵、马尾藻甚至弹涂鱼的身影。

赶海之外，到海里遨游戏水也是很多人锻炼或消遣的生活方式。但是

离岸流

离岸流是一种向外海方向快速移动的强劲海流。其宽度一般不超过10米，长度不超过1 000米，就像大海向近岸伸出一根长长的吸管，快速、有力地塑造着沿海地形。

离岸流持续时间一般不长，从几分钟到几星期都有可能，但其流速可达2米/秒。离岸流的出现具有随机性，最可怕的是，离岸流发生时不会引起人们的注意，直到人们已身陷其中才会突然发觉。

这对于在海边游泳的人有着致命的危险，目前已经发生多起这样令人心痛的事件，我国青岛、厦门附近海域也是离岸流的高发地。这种海流会在短时间内将人迅速卷走，往外海方向漂流，如果尝试着逆流而上则非常危险，非常容易因筋疲力尽而发生溺水事故。正确的做法是，首先保持冷静，可以试着仰泳浮在水面，节省体力，或者尝试在被卷入时沿着平行于海岸线的方向游，尽力脱离离岸流的吸引。所以在海边尽情玩耍之前，一定要留意当地的警告标识，如果是在有沙洲和缺口的地方，则更要当心，这里是最容易发生离岸流的地方。

"水火无情"，海中游玩需要量力而行。涨潮时，潮水很快从四周包围礁石，在较深处游玩的伙伴们因为不熟悉水下地形，很容易被困在海中。2022年8月，厦门一市民在海边挖花蛤时遇到了快速的涨潮，被困在礁石上，他利用随身携带的头灯打出三短三长三短的"摩斯密码"，最终成功获救。相对而言，退潮时游泳则更加危险。我们了解了海水退潮是与潮汐力相关的，退潮时，身体很容易随着海水退潮而被吸向更远的深水区域，想游回靠近沙滩的浅水区域，就变得异常困难。如果遭遇**离岸流**，则更容易发生生命危险。因此在海边游泳时，一定要注意区域标识，选择开发完善的海区，不要超越警戒线，同时应注意涨退潮时间，以免遇到危险。

怎么样，是不是没想到常见的一片海还有这么多学问？记住潮汐的变化规律，向潮间带进发吧！

打破幻想，点亮深海

人们出门游玩时常会带纪念品回家，海洋科考队员乘船"出海"科考时，也不能免俗，你知道他们带的纪念品是什么吗？

科考船航行在茫茫海面，偶有海鸥掠过或者海豚在一旁嬉戏，这可不能捕回家做纪念；船员们会用高超的技术配合超强的臂力把长长的鱼竿伸到水面上，敏捷地把附近的飞鱼、斧头鱼、青针鱼等捞起，可这通常会很快成为科考船上的"加餐"，也不能作为纪念品。悄悄告诉你，科研人员选择的纪念品主要有两类。一类是直接获取的"礼物"，如**"深海海水"**，因为深海海水是船载设备花费数小时下潜到几千米深的海

深海海水

为什么深海海水澄澈易保存呢？

深层海水处于无光照、高压强的环境中，虽然氮、硅、磷等营养成分丰富，但并不适合微生物生存，因此是清洁的无菌水，也可以说是富营养的"死水"。

盆中获得的，每1毫升都十分珍贵。刚打上来时，它们温度很低，像是夏季遇到冰啤酒的触感，而且它们成分较为简单，不易变质，在科考人员获取足够的实验样品之余，通常会有少量深海海水被分装留存做纪念。另一类"深海礼物"则是利用深海特性间接获得，比如，将写有祝福语的纸杯随下潜设备一起走一趟人类都难以企及的深海之旅，等它们返回时，纸杯便在天然的深海压力下变成了可爱的小小一只，成为独一无二的深海纪念品。

长久以来，各种科幻电影、童话中的深海都被体形巨大且凶悍的猛兽"霸占"。青面獠牙的怪兽以及它们之间的搏杀一度成了很多人的"深海梦魇"。可随着人类深海探测的揭秘，我们知道事实并非如此。科考队员们带回来的特殊纪念品，也让我们直观地了解到了深海的高压与洁净。恐惧多源自未知，正是因为人们对深海的了解太少，才会有如此多的误解，让我们一起来了解一下深海吧！

想象一下，假如我们拥有"透视眼"，俯身站在海边，望向深不见底的海底会有什么收获？没准，这种"猴子捞月"的姿势能帮你更生动地了解大海。我们都知道，大多数生态系统的初级生产离不开光合作用，阳光从海表辐射入海，因此距离海平面最近的是透光带，也称为真光层，一般自海水表层到200米左右。继续向下，光照已经不足表层的百分之一，则是弱光带，也被称为过渡带。上两层有阳光穿过，是生物分布最多的区域；弱光带之下的无光带，大约从1 000米深的水域开始，这之下则被称为深海。深海是黑暗、寒冷且**高压**的，在如此极端的环境下，无法进行光合作用，也没有可靠的食物来源，会有生物生存吗？在过去的很长一段时间里，人们都相信深海不可能有生物，"深海无生命论"的观点深入人心。

直到1872年生物学家搭载"挑战者"号，从深海获取生物样本，这才证明了深海并不是没有生命的地方。1879年，法国动物学家米奈·爱德华在墨西哥湾深处捕获一只**大王具足虫**的雄性幼崽，这更加坚定了人们认为深海存在生物的信心。

后来随着海洋科学技术的发展，我们发现，深海生物多样性

1 000 米处深海压力有多大？

海洋表面的压力约等于一个大气压，每下潜10.03米就增加一个大气压，1 000米处深海压力巨大，大约为100个标准大气压，相当于将160头大象的重量压在一名成年男子身上。

有人曾形象地形容这一层的水压能轻松将一辆坦克压成废铁，这么高的压力下，人类是完全无法直接生存的。

大王具足虫

节肢动物门、等足目、漂水虱科动物。

陆地上大王具足虫的近亲，就是我们经常见的潮虫，又叫鼠妇。

十分丰富。并且它们使出了浑身解数在黑暗、高压的世界中探索，比如：深海龙鱼下颌有"发光器"，它们不断闪烁，以此来狩猎；水滴鱼的身体组织由密度比水还要低的胶状物质组成，可以保持浮力，让其较轻易地从海底浮出；尖牙鱼和吞噬鳗都有着较大的嘴巴，可以在食物稀少的深海获得一定生存优势。

其实，深海不光有这些神奇的生物，还有各种神秘的声音。科研工作者使用声学仪器来探寻，发现这些声音有的持续时间长，有的则稍现即逝。科研工作者们猜测这些声音可能是冰川破裂的声音传到海底，也可能来自深海生物发出的叫声，尽管没有最终定论，但也足以引人遐思。

看过了深海的这么多秘密，你是否了解了深海的生态环境，在你的想象中，是否有了丰富的深海素材呢？动手画一画，告诉大家你心目中的深海吧！

给海山起个中国名字吧

以海平面为镜，如果山川沟壑会"对镜帖花黄"，它们一定会惊讶地发现，在深海之中居然有自己的"倒影"。凑近了看得再仔细一点，没准它们还会大吃一惊，原来这些未曾谋面的"同类"比自己巍峨、深邃得多。

这并非空穴来风。随着声呐设备、载人遥控潜水器等先进仪器的出现以及深海探索技术的提高，海洋学家对于**海底地形**的探索逐渐深入，人们发现由于大规模的板块运动、地壳运动和火山活动等作用力日积月累的塑造，海底地形也像陆地一样丰富，平原、丘陵、山脉和沟壑等地表

海底地形

海底地形分为大陆边缘、大洋盆地、大洋中脊三大基本类型。大陆边缘又分为大陆架、大陆坡、大陆隆、海沟、边缘海盆地；大洋盆地又分为深海平原、深海丘陵、海岭、海山、海隆和海台。大洋中脊是指贯穿世界四大洋、成因相同、特征相似的海底山脉系列。

本篇文章只讲其中的几种类型。

常见的地形，海底也通通都有。

　　不仅地貌丰富，在"身型"方面海底地形也毫不逊色。在2021年10月，我国第一台突破万米的无人潜水器"海斗一号"在深海下潜到了10 908米的深度，而陆地最深的峡谷深度仅为6 000多米，"海斗一号"探索的正是目前已知的最深海沟——马里亚纳海沟。如果把最深峡谷装进最深海沟，峡谷只能达到该海沟的腰身深度。既然海底世界如此幽深多姿，我们一起来详细看看吧。

　　深海平原顾名思义，就是海底较为平坦、宽阔的一块地形，跟陆地上的平原一样，起伏很小。而深海丘陵则有一定的起伏，起伏为几十至几百米。深海丘陵常分布于深海平原靠近大洋中脊的一

侧，沉积物较少，而深海平原广泛分布在大西洋和印度洋，在海底平原表面上有着从大陆传输过来的较厚的沉积物，这为以后我们开发矿产资源提供了好的场所。

令人意想不到的是，海底竟然也有海山星罗棋布。海山指位于大洋海面以下，自海底隆起1 000米以上且山顶面积较小的山。它们主要是由火山或者板块运动形成的。全球海山的分类有两种：一种是根据构造特征，将海山分为板块内海山、岛弧海山和大洋中脊海山；另一种是根据山顶到海表面的距离，将海山分为浅水海山、中层海山和深层海山。这个海山可和我们平时爬的山不一样，海山的根部位于深海海底，想要到海底探险可要克服更多艰难险阻。

陆地上的山都有名字，海底的山呢？当然也有。世界各国都很

重视海山命名，我国也不例外。有趣的是，海山命名并不能随心所欲，既要遵守国家的法律法规，也要讲究科学性和艺术性。以南海海山为例，北部的海山以中国古代科学家和医学家命名，东南部的海山以唐宋诗人命名，西南部的海山则以我国古代航海家命名，西部的海山命名取词于唐诗《春江花月夜》。

给海山起个中国名字

国际海底地理实体命名，是指基于对海底地形的精确测量，根据国家的法律、规章及国际组织的相关技术规则要求，赋予海底地理实体一个标准名称。中国2010年正式开展国际海底地理实体命名工作，中国大洋协会确定了以《诗经》为主、以中国历史人物等为辅的命名体系。《诗经》中的"风""雅""颂"，分别对应大西洋、太平洋和印度洋。

给海山起个中国名字，体现了我国海洋科学技术的综合实力，也象征着我国在国际海洋事务中的话语权。同时，也可以传播中华传统文化、弘扬华夏民族精神。如今，若我们可以漫步穿梭于世界大洋的海底，不经意间偶遇的，将有二百多个由中国命名的海底地形。

你会在海底，遇见"诗仙"——太白深渊，还会遇见"三苏"：苏洵海丘、苏轼海丘和苏辙海丘；或者，在采薇海山营造的《诗经》的意境中流连忘返；抑或，在牛郎织女海山的神话故事中沉醉。不得不提的是，当你回到我国南海西部，将沉浸于《春江花月夜》的深沉、辽阔，诗中隽永的文字和海山、海丘等组合在一起，成为我国海下的"锦绣山河"。

下面是相关的海山名称，读者们可以找找看，它们的身影出现在《春江花月夜》哪里呢？

《春江花月夜》海山名一览：月轮海丘、海雾海丘、流霜海丘群、流春海山、青枫海台、闲潭海台、潮生海丘群、镜台海山、江畔海山、长飞海山、纤尘海丘、潇湘海丘、月照海丘、似霰海丘、照人海丘、扁舟海丘、玉户海丘、

春江花月夜

［唐］张若虚

春江潮水连海平，海上明月共潮生。
滟滟随波千万里，何处春江无月明。
江流宛转绕芳甸，月照花林皆似霰。
空里流霜不觉飞，汀上白沙看不见。
江天一色无纤尘，皎皎空中孤月轮。
江畔何人初见月？江月何年初照人？
人生代代无穷已，江月年年望相似。
不知江月待何人，但见长江送流水。
白云一片去悠悠，青枫浦上不胜愁。
谁家今夜扁舟子？何处相思明月楼？
可怜楼上月裴回，应照离人妆镜台。
玉户帘中卷不去，捣衣砧上拂还来。
此时相望不相闻，愿逐月华流照君。
鸿雁长飞光不度，鱼龙潜跃水成文。
昨夜闲潭梦落花，可怜春半不还家。
江水流春去欲尽，江潭落月复西斜。
斜月沉沉藏海雾，碣石潇湘无限路。
不知乘月几人归，落月摇情满江树。

照君海丘、碣石海丘……

19世纪时，人们曾以为海底是平坦的，未曾想到深蓝色的海水下居然隐藏着这么多形态各异的地貌。而今，随着现代海洋探测技术的应用，我们已经逐步掀开其神秘一角，但我们对海洋的探索仍不足其10%，海洋仍然足够神秘和令人震撼。

海底随着地壳运动在时刻变化着，人类科技的发展也日新月异。是否在不远的将来，我们节假日远足的选择，除了附近的高山，还可以考虑探月、下海？

平静海面之下的深海咆哮

我们现在了解到，海上有阴晴转换，海面下有平原丘壑。那么深海内是不是平静的？在黑暗的水域中，深海生物可以安稳畅游吗？

随着科学探索的深入，我们发现平静的海面之下也有汹涌波动，有比陆地上更为频繁的地震、**火山爆发**，这些不易被发现的"深海咆哮"，往往能对海洋生态环境甚至人类产生影响。

其实，世界上80%的火山爆发都发生在海底，至少有10万座火山隐藏于海洋深处。最为著名的是**环太平洋火山地**

火山爆发

火山爆发还是文艺创作的灵感，是不是很有意思？挪威画家爱德华·蒙克创作的著名作品《呐喊》，用炽热的情感和大胆的色彩征服了广大读者。据说这幅画的灵感来自火山爆发的瞬间，喷薄的熔岩、燃烧的天空，恰巧和喀拉喀托火山喷发时的天气异象吻合。

震带，地球上绝大多数的地震和火山喷发都发生在此处。由于海底火山爆发常常隐藏在海底深处，让我们跟随深潜器来看一看海洋深处的这一奇观吧！

火红滚烫的火山**熔岩**从深海的火山口喷出，沿着山坡向更深的海底奔腾而下，而周围的海水被加热到100摄氏度以上。看到这有人或许会疑惑，水能灭火，为什么海水不能把海底火山浇灭？这是因为海底火山爆发时，它喷出来的不是寻常意义的"火"，而是温度非常高的熔岩。熔岩接触到冰冷的海水后，发生热量交换，熔岩外层会迅速冷却，但其内部的温度依然很高，冷却的岩浆形成岩

环太平洋火山地震带

位于亚欧板块和太平洋板块之间，环太平洋火山带上有一连串海沟、列岛和火山，地壳运动频繁。

熔岩

随着火山的喷发流出的岩浆就是熔岩。熔岩的温度非常高，温度范围一般是700～1 200摄氏度。熔岩流向地表的过程中会慢慢冷却，并凝固成火山岩。

石并在火山和海水之间堆积，火山内部的岩浆仍在不断地喷涌而出，并随着海底地势的变化形成新的海山或者海岛。

如果火山爆发发生在浅海地区，那么岩浆将会向上翻涌突破海面，将大量的二氧化碳和火山灰射入空气中，同时将周边海域的水和空气都加热到高温。但如果火山爆发发生在深海，海面之上就会比较平静，几乎观测不到任何火山活动，因此，我们曾误以为深海内是平静的。

不过，无论是深海火山爆发还是浅海火山爆发，都会对海洋生

态环境和人类产生影响。海底火山爆发有时会形成一个新的小岛，从而形成新的生态系统，有的会在海水的冲刷侵蚀下形成新的暗礁，给过往船只带来严重威胁。此外，海底火山爆发时产生的高温和有害物质会造成海洋生物的死亡，从海平面冒出的烟雾也会影响过往船只的行驶，甚至造成海难。

海底火山爆发往往还伴随着剧烈的地质运动，容易引发海啸。说到海啸，大家可能并不陌生，海底火山爆发和海底地震都有可能引起海啸。海啸是由一系列海浪组成的，在深海激起足够的水体震荡，携带大量能量，持续时间会达到好几个小时。呼啸而

锡拉岛

也译作圣托里尼，希腊基克拉泽斯群岛中最南的岛屿，在爱琴海西南部。锡拉岛被怀疑是亚特兰蒂斯大陆的所在地。

来的海浪就像一堵"水墙"，排山倒海般冲向海岸。从一些纪录片和电影中，我们可以看到海啸毁灭性的破坏力，不仅能轻易吞噬房屋、农田，奔涌而来的海水甚至会将整块陆地吞没。

大约在公元前1500年，位于地中海的**锡拉岛**火山爆发，产生了极大破坏力。根据研究报道，此次火山爆发创造了历史记录中的第一个海啸。而在南大西洋西部，当地时间2022年1月14日，汤加塔普岛北部的汤加火山突然爆发，产生的威力相当于广岛原

子弹的1 000倍，这可能是百年来全球最猛烈的一次火山爆发。爆发过程将火山灰送入了50千米以上的大气层，要知道，平时的飞机飞行高度仅为10千米左右。此次汤加火山的爆发在太空中依然清晰可见，其引发的海啸波在太平洋上荡起15米高的巨浪。汤加首都努库阿洛法位于火山南部65千米处，被火山灰覆盖，其岸边出现了高达1.2米的海浪。远至日本和美国，也报道了0.3～1.2米的海浪。汤加火山的爆发改变了周边岛屿的生态环境，同时造成了汤加严重的灾情。

海啸为什么能从深海火山或地震处传到千里之外的海岸呢？研究发现，海啸波长可达100千米以上。波长越长，传播相同距离所消耗的能量就越小。因此，海啸由于其波长较长的特性，传播距离增加时，消耗能量相对较少，海啸的威力减少得较慢。所以，携带巨大能量的海啸有可能从外海传播到近岸，威胁到人类的生命财产安全。

海啸给人们带来了巨大的灾难，为避免海啸带来的损失，减小伤害，科研工作者们也建立起了一系列的预警预报机制，这个系统包括探测器和安装在海上浮标上的传感器，通过监控海底的震动以及跟踪海平面高度的异常变化，在海啸来临前发出预警，提醒相应海区的人们尽快撤离。

神秘莫测的海洋深处，有来自地球奔涌的咆哮，在向人类展示大自然威力的同时，也激发了我们对于深海地质活动的探索。对海洋能量增多一份认识和敬畏，或许能让人类在探索海洋的路上走得更远。

"冰与火"的世界——神秘的海底食物链

1977年，科研工作者乘着"阿尔文"号载人潜水器，在加拉帕格斯群岛附近海域考察时，惊奇地发现在2 500米以下的深海，耸立着一些正在向外喷发滚滚浓烟的"烟囱"。更神奇的是，两年之后，当科研工作团队再次探访这片海域时，"黑烟囱"附近出现了大量奇形怪状的生物。

其中，最神奇的是长达5米的管状蠕虫，这些带着红色漏斗一样的长长的生物拥挤着生长在一起，遍布在整个"黑烟囱"周围，它们没有嘴巴，也没有其他消化器官，是怎样维持庞大身躯营养消耗的呢？还有一种雪人蟹，因长着长且毛茸茸的螯，而被形象地命名为"基瓦多毛怪"，这种生物完全没有视觉功能，是怎么捕食的呢？

螯

是节足动物的第一对脚。形状像钳子，能开合用来取食或自卫。

随着科学研究的深入，我们发现，"黑烟囱"周围其实存在着完整的生态系统，这里不仅有蠕虫、蚌类、蟹类，重要的是有大量的**化能自养细菌**存在，管状蠕虫依靠体内共生的硫细菌供给有机物，而雪人蟹则可能是捕食其毛螯上的细菌以维持新陈代谢。那么自养细菌是怎样支撑这个魔幻世界的呢？

这与"黑烟囱"的形成有关。原来"黑烟囱"冒出来的不是烟，而是高温炙热的黑色流体，它们有个更专业的名字——海底**热液**。在火山活动频发、大陆板块移动的地区，从海底喷出经由海底岩浆加热过的水，当超高温的富含矿物质的热液接触到冰冷的海水时，矿物质析出，逐渐沉淀变成烟囱的一部分。海底烟囱每天可以生长30厘米，最终可以长到高达60米再垮掉。

海底热液喷发时，增加了海水的温度，带来了大量的矿物质和"不友好"气体，如硫化氢、甲

化能自养细菌

不依赖有机物生长、繁殖的细菌，通过氧化简单的无机化合物获取化学能，并同化无机碳（二氧化碳）合成有机物。这类细菌对维持地球上的氮、硫等元素的循环起着重要的作用。

热液

海底"热液"的发现是以1948年瑞典"信天翁"号考察船在红海发现高温高盐溶液为标志。

烷、氢气等。对大多数生物而言，这里简直就是生命的禁区，但这种特殊的海洋环境却造就了海底生命的"绿洲"。正是由于这些丰富的矿物质滋养了硫细菌、氢细菌、铁还原菌等化能自养细菌，构成了热液生态系统的初级生产，为其他生物提供了充足的食物来源，才使得海底热液区附近生物丰度显著高于同等深度的其他海区。

其实，除了"黑烟囱"之外，深海还有一种被称为**冷泉**的"白烟囱"。可燃冰在常温下呈气态，在深海的内外力共同作用下发生可燃冰"泄漏"时，甲烷等气体会在大小不一的喷口处释放，形如海底喷泉，也就是我们所说的海底冷泉。

同热液生态系统类似，海底冷泉周围也会形成深海生命的"绿洲"，它们是岩石圈与外部圈层进行物质交换和能量流动的主要窗口，也是研究生命起源和极端环境生命现象的热点区域。不同的是，冷泉生态系统的能

冷泉

冷泉的发现，比热液要晚，是海底气体、液体和沉积物组成的流体泄漏或喷发的活动。

量无机物以甲烷为主，也有硫化氢。区别于热液系统的以硫化物为主，冷泉区的生物群落以贻贝为主，而热液区主要由管状蠕虫占据。

热液和冷泉生态系统与陆地和海洋的大多数生态系统均不同，

在有阳光辐射的生态系统中，初级生产一般以二氧化碳和光能为来源进行有机物的合成，但冷泉和热液系统均无光照，它们以化能自养的方式进行碳固定。其独特的地质条件和营养模式在荒漠般的深海孕育了繁茂的生态系统。

自2003年开始，"大洋一号"科学考察船承担了寻找海底"黑烟囱"的科学任务。2007年，我国首次在西南印度洋中脊发现了新的海底热液活动，后来又陆续在南太平洋和南大西洋发现了多个新的热液活动点，为世界大洋海底热液科考做出了相当的贡献。

在冷泉探索方面的成绩同样喜人，目前在我国南海北部的"蛟龙冷泉区"和琼东南陆坡上的"海马冷泉区"发现有明显的海底甲烷渗漏及共生的生物群落活动。由于对海洋冷泉多年持续不断地研究和探索，我国已锁定了两个千亿方级可燃冰藏区，预计到2030年实现可燃冰商业化开采，探秘可燃冰开发将助力海底烃类能源资源的"富碳"有序开发，实现深海减碳、增汇的宏大目标，造福全人类。

第二章

热热闹闹的寂静

一滴海水中的大千世界

你知道海洋中数量最多的生物是什么吗？答案既不是自由自在嬉戏打闹的鱼类，也不是海底斑斓摇曳的珊瑚、海草，而是那些易被我们忽视的微生物。

它们的数量有多庞大呢？毫不夸张地说，一滴小拇指盖儿大小的海水中就有100多万个微生物，主要包括一些真核微生物（如真菌、真核藻类等）、原核微生物（海洋细菌、海洋蓝藻等）和无细胞生物（病毒）。可是人体肉眼却无法直接看到它们，想要近距离观察它们，我们必须要借助高倍显微镜。你可以想象到它们的体积有多么微小了吧？

海洋是一个庞大的净化器，可以保持旺盛的生命力和强大的生产力，微生物就是其中不可缺少的重要活跃因素，那么这些"小家伙"又是怎样发挥作用的呢？让我们跟随海洋微生物的分类一起来看看吧。

首先让我们看向真核微生物方队。海洋真菌是海洋中的"回收

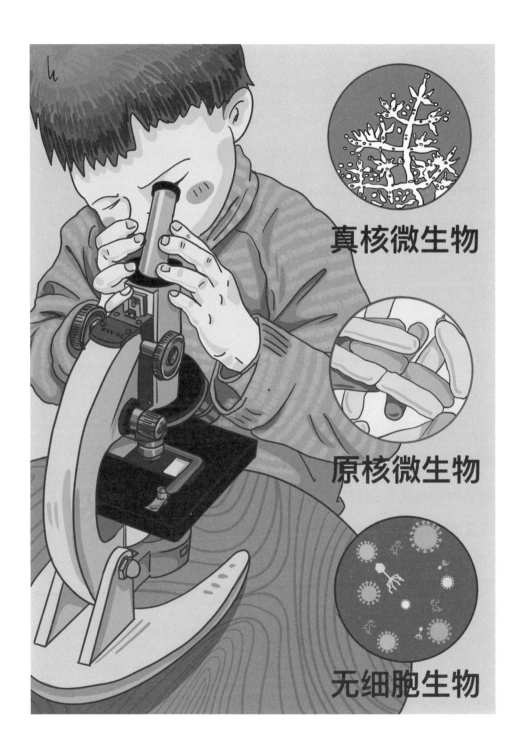

真核微生物

原核微生物

无细胞生物

大师"，它们最喜欢做的事情就是把鱼类或者植物的尸体进行分解，寻觅其中可以被再次利用的营养元素，如氮、钾、磷等，然后将这些营养元素分解成能够被浮游植物吸收利用的无机**营养盐**。

海洋生态系统就是在这种有机和无机的循环转化过程中紧密相连的。在食物链中，我们称海洋真菌这样的"回收大师"为分解者。如果海洋中没有分解者，就相当于没有了"垃圾管理员"，后果就是整个海洋将到处都是动植物的尸体。海洋真菌，特别是生活在海洋沉积物中的真菌菌丝体和酵母菌体，也为**海洋原生动物**、底栖动物等提供了饵料；还有一些海洋真菌所产生的抗生素可有效降解海洋环境中的污染物，促进海洋自净。

营养盐

指海水中的无机氮、磷、硅，是海洋浮游植物生长繁殖所必需的成分。

海洋原生动物

体形微小的单细胞海洋动物，是动物界最原始、最低等的动物。

原核微生物方队中的一部分海洋细菌同样扮演着分解者的角色，作为海洋中的"清道夫"，细菌是神秘而危险的，部分海洋哺乳动物、鱼类会因细菌感染而引发疾病，如鱼类常见的烂鳃、白皮、竖鳞等现象。海洋细菌也有有利的一面，如虾卵上的细菌能分泌出保护虾卵免受致病菌侵袭的物质，极大地增加了虾幼仔的成活率；海洋细菌还可以作为生物医药的潜在来源，我们现在服用的可以治疗细菌感染的头孢类抗生素，就是从地中海的一种放线菌（细菌的一类）里发现的。

原核微生物中的海洋细菌也有特立独行的存在，某些海洋化能自养细菌如硝化细菌、古细菌、硫细菌、铁细菌等，也可充当海洋中的生产者。它们氧化无机化合物获取化学能，满足自身生长的需求。比如，趴在"黑烟囱"附近的化能自养细菌"就地取材"，以硫化物为食制造有机物，为热液生态系统提供了重要的物质基础，支撑了从简单的原生生物到大型鱼类的食物网体系。

小粒级的浮游植物如聚球藻、原绿球藻等也可算作微生物成员，它们利用光能吸收二氧化碳，高效地生产有机物，是妥妥的海洋初级生产者；我们呼吸的每一口氧气，也都有它们的付出。它们不仅哺育了海洋，更滋养了人类。

我们再来看看令人心生惧意的"捣蛋鬼"——病毒。虽说病毒没有细胞结构，严格意义上算不得生物，但毋庸置疑，它也是海洋生态系统的重要组成部分。具有形态多样性和遗传多样性的海洋病毒会侵染各种海洋生物，通过对其他生物也就是它们的宿主进行裂

藻华

海洋生态系统中的一种现象，通常指海水中某些浮游植物、原生动物或细菌高度聚集或暴发性增殖而引起海水颜色发生改变的一种生态现象。

解，从而改变海洋生态系统的物质循环和能量流动的方向。尽管病毒感染会对水产养殖业造成巨大损失，但如果利用得当，病毒也可以成为人类治理海洋污染的好帮手，比如当**藻华**大面积暴发时，病毒可以成为消灭这种现象最有力的"武器"。

海洋微生物有丰富的物种多样性，在海洋中分布广泛，且在海洋生态系统中发挥着举足轻重的作用。它们虽然个头小，但都在默默履行着自己在生态系统中的职责，为平衡全球碳收支做出自己的贡献。

别以大小论英雄

在浩瀚的宇宙中，渺小如一粒尘埃的地球并不出众，但因其孕育出了生命，又变得**独特**起来。地球如今的生机勃勃，与氧气的存在密切相关。那么氧气是从哪里来的呢？

大部分观点认为，早在约38亿年前，尚未有陆生植物出现，一部分海洋生命体进化成单细胞原核生物——蓝细菌（也称蓝藻），它们开始通过光合作用生产氧气、合成有机物，再经过漫长的演化，开启了地球的"有氧时代"。

海洋是生命孕育的起点，自蓝藻开始，浮游植物一直是海洋初级生产力的主力军。海洋浮游植物主要包括硅藻、甲藻、蓝藻、绿藻、金藻、定鞭藻、隐藻等，在

道傍竹

［宋］杨万里

竹竿穿竹篱，却与篱为柱。
大小且相依，荣枯何足顾。

自然界中的生物，不以大小论英雄。它们在自然界互相依赖，一荣俱荣，一损俱损。

不同的海洋生境中，有着不一样的浮游植物群落结构和生物量。

同大多数微生物一样，**浮游植物**也需要用显微镜等设备来观察。根据粒径大小，浮游植物可分为小型浮游植物（直径在20~200微米）、微型浮游植物（直径在2~20微米）和微微型浮游植物（直径小于2微米）。一根头发的直径约80微米，以此作为参照，就可以想象出浮游植物个体有多么微小了。

浮游植物

通常是指在水体漂浮移动、随波逐流的藻类，包括蓝藻门、绿藻门、硅藻门、金藻门、黄藻门、甲藻门、隐藻门和裸藻门八个大家族。目前全世界已鉴定的藻类成员达40 000多种，无论是炎热赤道还是严寒极地，都有它们的身影。

我们通常把大鱼吃小鱼，小鱼吃虾米，虾米吃"泥巴"的现象叫作"食物链"。浮游植物就是海洋食物链中的第一环节，它们是海洋动物直接或间接的饵料来源。浮游植物通过光合作用，吸收太阳光能和二氧化碳，同时释放氧气并合成有机物，为其他生物提供生命

所需的食物和能量，因此它们被称为初级生产者。所以，浮游植物生物量的高低，决定了海水水域生产力的大小，也影响到我们餐桌上鱼虾的肥美程度。同时，约占地球表面积70.8%的海洋中蕴藏着数不清的浮游植物，无数个产氧小能手在日光的照耀下辛勤工作，吸收了自工业革命以来约23%的人为排放的二氧化碳。所以，海洋中浮游植物不仅完成海洋生态系统中重要的初级生产过程，它们的"风吹草动"也与全球气候变化紧密相联。

浮游植物的数量极多，起源于早白垩纪时期的硅藻如今是海洋初级生产力的"扛把子"。硅藻是大粒级真核浮游植物，体内有大大的液泡，可以储存"食物"（无机营养盐）以提高生长效率；它们还有美丽的硅质壳保护自己，因此环境耐受力强。硅藻种类众多、数量庞大，是大多数富营养海区的主导生物，约贡献了海洋总初级生产力的45%，因此也被称为海洋的"草原"。在我国最大的渔场——舟山渔场的浅海水域中，检测到的硅藻就占据了浮游植物总量的75%以上。

除了在营养盐较为充足区域作为主导浮游植物的硅藻，还有能够适应寡营养水体环境的小粒级原核藻类：原绿球藻和聚球藻，它们都属于蓝藻，也可称为蓝细菌。虽然它们身材比硅藻小，但它们在海洋中的丰度并不逊色，因此，它们也贡献了海洋中约1/4的净初级生产力。

小小的浮游植物并不声张，但它们却是海洋食物链中最基础的一环，也是调节全球气候变化的"大英雄"，种类丰富的浮游植物在各大海域支撑着丰富又庞大的海洋生态系统。不以大小论英雄，感谢它们塑造出一个生机勃勃、充满活力的海洋。

动物构成的"彩色森林"

你知道海洋的世界里也有成片成片的森林吗？更神奇的是，这片森林不是绿油油的，而是五彩斑斓的，好看得很呢。到底是谁把这些形态各异、美丽多彩的"小树苗"栽种在海底形成"彩色森林"的呢？

这个"功臣"就是珊瑚虫。珊瑚

腔肠动物

又称为刺胞动物，辐射或两辐射对称，仅具二胚层，是最原始的后生动物。

虫是地球上最古老的海洋生物之一，早在5亿年前就已经出现。它们聚集在一起，把骨架、腔肠连接起来，形成了姿彩各异的珊瑚。因为珊瑚长得像挺立的彩色树苗，很多人误认为它是一种植物，但毫无疑问，珊瑚虫是一种**腔肠动物**。它们体格微小，往往只有几毫米，却拥有十分精密的身体结构。吃东西的时候，珊瑚虫将食物放进嘴里，经消化后再将残渣从嘴里吐出来。而且，珊瑚虫可以有性繁殖也可以无性繁殖，在合适的水文条件下，无数珊瑚虫通过有性繁殖的方式向海洋中发出精子、卵子，十分壮观，随后它们在水中漂浮，结合并发育成幼虫，珊瑚虫宝宝们可以随波逐流寻找栖息地扎根，再通过无性繁殖进行增殖生长。

珊瑚虫种类繁多、形态各异，有些珊瑚虫身强力壮、外壳坚硬，如脑珊瑚和鹿角珊瑚；而像海扇和康乃馨珊瑚等却身娇体弱、外壳柔软。一般情况下，在浅水中生活的珊瑚体内有共生藻类，如虫黄藻，共生藻不仅赋予珊瑚色彩，还可帮助其提高造礁能力——分泌钙质骨骼；而在深水中生活的珊瑚则更倾向于"单打独斗"，体内无共生藻，也无造礁能力。在浅水区适宜的环境下，丰富多彩的珊瑚与共生藻的"合作"，经过几个世纪的发展，珊瑚虫叠加"站立"，才能造就巨大的**珊瑚礁生态系统**。

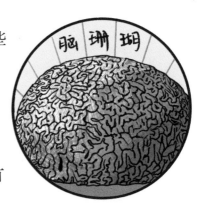

脑珊瑚

珊瑚礁生态系统

热带、亚热带海洋中由造礁珊瑚的石灰质遗骸和石灰质浮游植物堆积而成的礁石及其生物群落形成的整体。是全球初级生产力最高的生态系统之一。

尽管有着神奇的建造能力，但这些伟大的"建筑师"却不能移动。它们将身体隐藏在彩色的"小房子"里，通过花瓣似的触手捕获食物。老一代珊瑚虫去世后，新一代珊瑚虫在它们的残骸上继续发育繁衍，日积月累才造就了多姿多彩的"水下森林"。

　　已经构建出了这么温馨的小窝，如果没有居住者那可太冷清寂寞了。全世界的珊瑚礁总面积约为28.43万平方千米，其中90%以上面积分布于印度洋—太平洋地区。虽然珊瑚礁的总面积不大，但作为海底世界中的天然保护场所，鱼类、软体动物、甲壳动物、棘皮动物、海绵、被囊动物和其他刺胞动物等畅游其中。珊瑚与区域内的伙伴们共同组成了生物多样性超高的珊瑚礁生态系统。据统计，仅占不到1%海域面积的珊瑚礁生态系统养育了约25%的海洋生物。

　　珊瑚礁生态系统又被称为水下"热带雨林"，它具有保护海岸线、维护生物多样性、维持渔业资源等生态功能。许多珊瑚个体色彩绚丽，丝毫不逊色于陆地上的各类鲜花，有的珊瑚品种还有惊艳的萤光效果，因此也会吸引很多游客观光，为当地人民带来很好的经济效益。

康氏珊瑚

　　但其实，小小的珊瑚是很脆弱的，只有在全年水温保持在22~28摄氏度、水质洁净且透明度高、阳光照射充足的水域，珊瑚虫才能繁茂生长，缓缓建造出珊瑚礁。在我国，台湾和南海诸岛都盛产珊瑚，三亚鹿回头风景区就是其中的代表。但在相近的纬度，印度边缘海却少有珊瑚礁分布，这是为什么呢？原来恒河、印度河把大量泥沙带入海洋，"挑剔"的珊瑚虫们不喜欢这样的环境，便不会在此"筑巢"。

康乃馨珊瑚

珊瑚家园建成后，是不是可以高枕无忧了呢？我们知道，珊瑚对全球变暖以及海水酸化的响应十分敏感，海水温度上升1~2摄氏度，便可能引起**珊瑚白化**，爱美的珊瑚们被迫褪下各色的裙装，穿上素色衬衣。这可不是好兆头。同时沿海地区的开发和海底资源的采集活动所形成的污染也在侵蚀损害着珊瑚礁生态系统。想留住这绚烂的"水下森林"，热爱环境、减少碳排放，迫在眉睫。

珊瑚白化

指珊瑚颜色变白的现象。珊瑚本身是白色的，它多彩的颜色来自体内共生藻的光合色素，珊瑚为共生海藻提供二氧化碳和营养盐，海藻则通过光合作用产生氧气和碳水化合物，向珊瑚提供食物。如果共生藻离开或死亡，珊瑚就会变白，最终因失去营养供应而死。

眼神好，压不坏，关键时刻跑得快

人类经常挑战生存极限，比如攀登温度低、气压也低的高山，穿越干旱、强风沙的沙漠地带，探索神秘莫测的洞穴等。为了适应极端环境，人类常常穿戴各式户外装备，比如，登山鞋、羽绒服、冲锋衣、高山眼镜、头盔、头灯、铁锁、绳套、安全带等。在极端环境中常年生存的生物通常也有自己独到的生存策略。在黑暗、高压的深海生态系统中，海洋生物有哪些神奇的本领来适应深海的极端环境？

在伸手不见五指的海洋深处，深海鱼一般都拥有奇特的眼睛，从而可以接收到更多的微弱光源。例如，管眼鱼拥有有利于收集光线的管状眼睛，大王具足虫有着由近4 000个平面小眼组合成的复眼。乌贼、灯笼鱼、星光鱼等则另辟蹊径，凭借自体发光来照亮或诱捕食物。如果你在深海看见星星点点蓝色的光，不要怀疑自己的眼睛，那不是海底的星空，而是深海鱼在漫游呢。另外，齿鲸类则选择**生物声呐**来代替眼睛观测，毕竟声音在海洋中的传播速度可是在空

生物声呐

　　动物发出超声波后，通过接收回声来判定目标位置和性质的系统。

脉冲

　　是相对于连续信号在整个信号周期内短时间发生的类似于人的脉搏一样的信号。

气中的五倍呢！它们通过发出并接收**脉冲**信号，实现对食物或其他障碍物的回声定位，也是了不起的观测技能。

　　深海生存面临的第二大难题就是高强度的水压，在无装备的情况下，人类的潜水极限通常为100米左右，如果压力过高，肺部受到压迫，则可能导致窒息死亡。

　　深海生物并非"金刚不坏"之躯，它们又是怎样应对高压力的呢？凭借"心态好"？这可不行，此"压力"非彼"压力"，但可凭借"身太软"。言归正传，多数深海动物缺少钙质骨骼，它们通过增加体内脂肪含量、减少骨骼重量，使得肌肉组织变得更加紧

密，同时它们体内的体液含量大大增加，高密度的体液帮助深海生物对抗周围的压力。此外，多数深海鱼类没有鱼鳔，体内的气体含量少，也有利于进一步减小压力差，使身体与海水能够保持压力平衡。听起来是不是很厉害？可是大部分深海鱼类的生理特征已经与所生活的环境"绑定"，如果将深海鱼类放至浅滩中，它们很可能会因无法适应低压环境，导致体内压力过高而死亡。部分高等海洋哺乳动物，可以采用调整心跳频率、重新

背鳍

指的是鱼背部的鳍，主要对鱼体起平衡的作用。

鳍棘

指支撑鱼鳍薄膜的棘刺状硬骨，是鳞质鳍条的一种，强大、坚硬，一般不分支不分节，用于攻击和防卫。

分布体液、减少气体交换等方式来适应不同深度的水压，让自己自由地穿梭于深海和浅海之间。

　　这些身负奇能的深海动物们采用不同的方式应对黑暗和高压，可以顺利完成寻找食物、吸引猎物、追求配偶、恐吓敌人、宣示领地主权等生存行为。深海食物相对稀缺，深海动物则多为广食性。比如，从不挑食的蝰鱼，只要有食物进入它们大大的口腔，它们就会利用自己尖锐的牙齿以及可高度伸展的颌骨将其牢牢锁住。"钓鱼"高手鮟鱇也有"绝招"，它们**背鳍**的一部分进化成了一根**鳍棘**，成

为它的鱼竿，在竿的顶端吊着一个囊状皮瓣，充当它的诱饵。当"垂钓"时，鮟鱇常常伏在海底，借用泥沙打掩护，伸出它的"鱼竿"引诱附近游动的小鱼、小虾，一旦猎物近身，就张开大嘴将其吞下，从而达到摄食的目的。

难道弱小的鱼类只能"任鱼宰割"了吗？也不尽然。当遭遇危难时，一些生物会利用发光来暴露自己，以此吸引更大捕食者的注意，强强相斗，它们则借机逃之夭夭，或者坐收"渔翁之利"。通过引来更强大的敌人来消灭追杀自己的敌人，这也是深海中较为常见的一种自救方式。

虽然处于极端的环境，海洋生物们仍然展现出顽强的生命力。它们采用相应的策略，在极端环境中生存、繁衍。如果你有机会到深海生活，想要进化出怎样的器官或者穿戴具有哪些功能的高科技设备呢？

深海幽静处的浪漫

"窈窕淑女，君子好逑"，为了追求心仪的异性，人类通常是"煞费苦心"。在自然界，动物们为了繁衍后代、延续自己的基因，也是"八仙过海，各显神通"。乌鸦会收集亮闪闪的东西，装饰自己的"豪宅"；雄狮长着威风凛凛的毛发，吸引雌狮子的注意。那么在近乎黑暗的海洋深处，海洋生物是怎样"吸引异性，繁衍后代"的呢？

科研工作者通过自容式水下声音记录仪等设备可以收集到海洋内丰富的声音信息，我们发现，海中的"居民"会通过发出声音来获得异性的青睐。早在1930年，人们第一次录下了小丑鱼发出的"唧唧"或"砰砰"声，研究发现，这不仅是用以赶走敌人的方式，也是一种求爱"武器"。黑线鳕也不甘示弱，在春季产卵期间，雄性黑线鳕会通过吹动气囊，发出击鼓般的声音招引雌鱼，这样的活动竞争激烈，往往是鼓声最长最响的雄鱼最终"抱得美鱼归"。除此之外，用声音求偶的还有豹蟾鱼、虎鱼、石首鱼、海马等，它们通过美妙的歌喉，发出啾啾声、咕噜声、呼呼声、船笛声或噗噗声达到求偶的目的。

座头鲸是深海哺乳类中非常浪漫的歌手。它们的声音复杂多变，有轻轻的鼻息声，震耳欲聋的呼呼声，还有美妙的**浅唱低吟**，韵律不同的歌声能让座头鲸在求偶时大放异彩。值得一提的是，大捕鲸时代鲸类曾面临灭绝的威胁，一位科研工作者将座头鲸的声音收集成专辑《座头鲸之歌》，空灵悠长的声音让人泪流满面，从那以后，很多国家联合起来抵制捕鲸。谢谢座头鲸的歌声，挽救了一个族群，让我们如今仍有机会见到丰富的鲸类多样性。

浅唱低吟

鲸能够根据需求调整自己的声音频率，鲸的声音最远可以到几十千米以外，近的可以在三十米以内，这让"喊话"和"悄悄话"在鲸群中变成了现实。

没有音乐天赋的海洋生物该怎么求偶呢？别急，它们也有自己的小妙招。很多鱼类另辟蹊径，用筑造一个安稳的小家的方式结束双方的漂泊生活。鱼类家族中，出色的"巢穴建筑师"非刺鱼莫属。雄刺鱼会用嘴衔来植物细茎，由自身的肾脏分泌一种透明黏液，将衔来的细茎粘织成适于产卵的鱼巢。刺鱼还会将吻部伸入水底，衔上满口的沙倒入自己的小家，将"小床"压到稳固为止，这样就可以恭迎女主人入住了。除此之外，隆头鱼和乌鳢等也是筑巢的一把好手，但它们通常是雌雄鱼共同参与筑巢。夫妻一起"装修房子"，把小家一点一点打磨成自己喜欢的样子，也是增进夫妻感情的一种浪漫方式吧！

相较于雄刺鱼的勤劳肯干，有些种类的雄鱼可称得上是"最懒惰丈夫"的典型了，其中最出圈儿的要数鮟鱇鱼。在漫漫海洋深处，年轻的鮟鱇雄鱼现阶段最大的追求，是要找到一条雌鱼，以过上"附庸"的生活。一旦发现异性，它就会牢牢咬住雌鱼的头、肚或鳃。时间一长，雌鱼的循环系统与咬在身上的雄鱼的循环系统会渐渐联系在一起，雄鱼便依赖于雌鱼的血液来供给自身新陈代谢。在北大西洋中曾捕获一只长约1.25米的雌鮟鱇鱼，而其身上寄生的雄鱼却只有9厘米长。虽然雄性鮟鱇鱼有些"不厚道"，但这也提高了生殖效率，算是"执子之手，与子偕老"了。

当然，海洋生物也会像人类一样"为爱跋涉"。《泰晤士报》报道，一条名叫妮科尔的大白鲨历时9个月完成了一次近20 000千米的"海洋马拉松"，它从南非游到澳大利亚再返回，打破了以往鲨鱼旅行的最远纪录，创造了海洋动物越洋迁徙距离的世界之最。究竟是什么原因促使妮科尔不辞辛苦、远涉重洋到澳大利亚的呢？纽约野生动植物保护协会的拉蒙·邦菲尔猜测也许它往返澳大利亚与南非的一切努力都是为了"奔赴"一只"梦中情鲨"吧。

上述种种，我们了解了部分海洋生物的繁殖方式。在辽阔的海域中，为什么大部分生物不选择**孤雌生殖**，而一定要依赖于**有性生殖**来完成繁衍呢？这是因为，雌雄交配可以实现基因交流，增加后代的遗传多样性，加强子代适应环境自然选择的能力。因此大多数高等生物会坚持不懈地寻找基因优秀的伴侣，从而使携带自身基因的后代获得更大的生存概率。选择配偶的方式各式各样，我们才有机会了解到这么多奇特的海洋"浪漫故事"。

孤雌生殖

也称单性生殖，即卵不经过受精也能发育成正常的新个体，简单来说就是生物不需要雄性个体，单独的雌性也可以通过复制自身的DNA进行繁殖。孤雌生殖现象多存在于一些较原始动物种类身上。

有性生殖

有性生殖是指由亲本（"爸爸"和"妈妈"）产生的有性生殖细胞（配子），经过两性生殖细胞（如精子和卵细胞）的结合，成为受精卵，再由受精卵直接发育成为新个体的生殖方式。

有性生殖是生命进化史上浓墨重彩的一环，它的优势就在于后代能从父母双方的细胞中获得不同的遗传物质，重新结合成一个新的生命体。

海洋中的活化石

蛇能吃恐龙？6 000多万年前，一条巨蟒盘绕在一堆恐龙蛋旁边，在它的包围圈中还有一只刚刚孵出的小恐龙，这神奇的场景被化石固定下来，成了我们了解史前动物生态的重要依据。

化石被称为地球上散落的"历史书"，它们不仅能留存陆生动物的生活细节，也对海洋世界的精彩纷呈做了很好的"回顾"。青藏高原的早古生代地层中发现曾在海洋中生存的三叶虫的化石，这说明青藏高原在5亿年前的寒武纪时可能是一片"青藏大海"。

作为无声的记录者，很多人以为化石是死的。实则不然，化石，也有"活"的。

由于外部环境的巨变，部分生物失去可追踪的痕迹，使得人

化石

地壳中保存的属于古地质年代的动物或植物的遗体、遗物或生物留下的痕迹。动物化石包括"肉质化石"和"骨质化石"。

泥盆纪

地质年代：隐生宙（现称前寒武纪）、显生宙。

隐生宙现在已被细分为冥古宙、太古宙、元古宙。

显生宙又分为古生代、中生代、新生代。

古生代分为寒武纪、奥陶纪、志留纪、泥盆纪、石炭纪、二叠纪。

中生代分为三叠纪、侏罗纪、白垩纪。

新生代分为古近纪、新近纪、第四纪。

们误以为它们已经灭绝，但机缘巧合下，数万年后它们的活体又被发现，这些"失而复得"的生物称为"活化石"生物。除此之外，还有一些拥有着强大的适应环境变化能力的海洋生物，从古海洋到现如今，人们一直可以发现其存在的证据，外貌特征也倔强地保持着初始模样，人们也把这类生物称为"活化石"生物。海洋中有哪些"活化石"生物呢？

古老的海生节肢动物鲎和大名鼎鼎的三叶虫有着相同的辈分，早在4亿年前的古生代**泥盆纪**，鲎就在海洋中生活了。在漫长的历史筛选过程中，同期的伙伴们不是灭绝就是进化，只有鲎这个怪家伙，经历了亿万年的时间选择，依旧保留着最初奇怪的模样。

鲎身体扁平，外披坚硬铠甲，还长有坚硬的刺，可以很好地抵御外部侵害。繁殖季节，鲎会相聚在一块儿产下卵来抵御鸟类捕食带来的损失；严冬之际，它们藏身于泥土之中，保暖又安全。这些保证了鲎可以很好地适应外界变化，成为自然环境中当之无愧的"活化石"。同时，鲎还有一个"蓝血怪物"的称号，不同于其他生物，鲎的血液是蓝色的，作为低等动物，鲎在呼吸过程中，氧气不是通过铁元素而是借助铜元素进入体内，铜与蛋白质结合后会变成蓝色，使得鲎的血液呈蓝色。鲎的血液不仅拥有特殊的颜色，功效也很神奇，可以作为阻止病毒繁殖、抵御细菌入侵的良好保护剂，加以利用甚至可以准确、快速地检测出人体内部组织是否有细菌感染。

皱鳃鲨作为鲨鱼中最原始的一种，亦被称为"活化石"。它存在的历史虽不如鲎，却也是相当悠久了，一说存在了3.8亿年，一说存在了9 500万年。皱鳃鲨的身体两侧有六条鳃裂，它们常年生活在海洋深处500～1 000米的地方，作为深海游泳健将，皱鳃鲨有时候可以往海底更深处游去。皱鳃鲨平常的食物就是海底一些比它小的鱼类甚至是一些其他种类的鲨鱼。它拥有300颗、超过25排的锐利牙齿，张大嘴巴可以轻而易举地吞下整个猎物，是海洋深处重要的猎食者。由于皱鳃鲨物种数量本就不多，加之**长妊娠期**和低繁殖能力，以及人类诸如中层或水底的拖网作业等意外捕获对皱鳃鲨的生存造成了严重威胁，目前皱鳃鲨已被列入《中国物种红色名录》和《**世界自然保护联盟濒危物种红色名录**》。

幽灵鲨，在距今约4亿年前，从其最亲近的亲属——鲨鱼家族中分离出来，现在隶属银鲛大家庭。因为这种鲨不喜欢阳光的照射，一直生活在黑暗的深海海底，幽灵一般行踪诡秘。自发现了它的存在，人们就以"幽灵鲨"这一可爱形象的名字称呼它。由于幽灵鲨综合了很多不同动物的特征，属于一种非常特别的水下生物，故也被称为"活化石"。

幽灵鲨外形非常奇特，整体呈黑紫色，还长有一双硕大的眼睛。可能因为单靠眼睛在伸手不见五指的深海之中生活依旧艰难，幽灵鲨头上还进化出了很多敏感的受体，

长妊娠期

我们用"怀胎十月"说明，人类的孕育过程漫长辛苦，但是跟皱鳃鲨比起来，人类的妊娠期只有它的一半。

皱鳃鲨的妊娠期有12~24个月，这么长的孕育期，让小宝宝在腹中已经发育得很好了，所以小鲨鱼出生后，生存能力很强。

《世界自然保护联盟濒危物种红色名录》

是全球动植物物种保护现状最全面的名录，也被认为是生物多样性状况最具权威的指标。这个名录是根据严格准则去评估数以千计的物种及亚种的绝种风险所编制而成的，旨在向公众及决策者反映保育工作的迫切性，并协助国际社会避免物种灭绝。

脸上也有器官负责捕捉其他动物电场的变化，从而进行捕食。最令

人称奇的是，幽灵鲨是自然界中唯一一个把棍棒状性器官顶在前额处，借助于敏锐的性器官来感受周围生物电场的动物。以这样"怪异"的方式来捕捉猎物，或是避开天敌的追捕，也不失为一个好办法。

除此之外，还有很多"活化石"生物都有着悠久的历史且个个经历奇特。文昌鱼作为无脊椎动物进化至脊椎动物的代表生物，已经在地球上存在了5亿年，至今在厦门的海域底部仍时常可见，其在物种进化过程中具有举足轻重的地位。鹦鹉螺堪称奥陶纪海洋里的顶级掠食者，凭借平均80年的寿命和自身强大的繁殖能力，躲过了地球上所有的大灭绝事件。棘皮动物海百合最早出现于寒武纪，在石炭纪早期到达极盛，它们体态婀娜、颜色艳丽，因像绽放在水中的百合花而得名。侏罗纪虾在侏罗纪时期便已存在，曾被认为于5 000万年前已灭绝，却意外在珊瑚海重现。这些海洋"活化石"的代表经过大自然的筛选磨炼，最终跨过时间的长河与我们见面。

经历了时间长河的见证和环境的磨合，海洋中的化石生物在其习性、行为和身体形态构造上都能够反映其生存的环境特征。它们为我们了解古生物提供了珍贵的资料，是重建地史时期古地理、古气候的重要依据。

沧海以时光淘沙，一些海洋生物用化石诉说历史的变迁，而"活化石"生物则更加珍贵。它们有的淡定度过"云卷云舒"，以不变应万变，有的为适应环境做了不同程度的进化。无论怎样，这些带来远古消息的伟大生命都值得我们的尊敬和爱护。

深海也会"下雪"

——海雪长，深海变

你见过**漫天飞雪**吗？鹅毛大雪漫天飞扬，把祖国的大地山川打扮得银装素裹。我们在白雪皑皑的景色里，看见了冬季的肃穆和美丽。在"咯吱咯吱"的踩雪声中，听见了来年丰收的好消息。但是你知道吗？在我国第一艘专为深渊海沟科学考察设计的"张謇"号科考船上，曾经有过一次让人耳目一新的直播。在深海6 000米的新不列颠海沟，探照灯亮起的一瞬间，大家都被眼前壮美

大雪歌（节选）

［唐］李咸用

同云惨惨如天怒，寒龙振鬣飞乾雨。玉圃花飘朵不匀，银河风急惊砂度。

　　这首形容陆地下雪的诗，用豪放的笔触和瑰丽的想象力生动描写了雪景。海中的"雪景"，像陆地上的一样壮丽，并有小鱼时不时穿梭其中，像童话世界一样奇妙。

的一幕惊呆了。光柱下的深海里，漂漂洋洋的是一大片一大片飞舞的"雪花"，更有一群小鱼在其中追逐嬉戏，然后消失在"茫茫大雪"中。

深海，原来也会"下雪"。

我们的小脑袋里此时一定充满了问号。深海中的"雪花"是什么呢？它们为什么没有"融化"在海水里？深海为什么会下雪呢？

其实，深海"雪花"（海雪）和我们平时看见的雪花不同，它并不是由水分凝结而成的，而是由微小的死亡或活着的有机颗粒组合而成的。其中包括一些裸眼可见的动植物有机体，例如硅藻、小虾和桡足类动物；还包括生物粪便，以及微小的细菌、

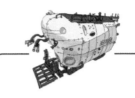

海洋生物泵

是指浮游植物通过光合作用将无机碳(二氧化碳)合成颗粒有机碳，通过自身沉降和浮游动物的摄食打包沉降等一系列复杂过程(包括初级生产、摄食、聚集、呼吸、矿化、沉降等) 将碳从海表层输送出真光层或弱光层海的过程。

如果海洋生物泵关闭，大气中的二氧化碳浓度会大大增加，进一步加剧温室效应并加速气候变暖。因此，海洋生物泵在全球碳循环与气候系统调控中起着十分重要的作用。

病毒等。这些有机颗粒在黏性物质的作用下，不断聚集变大，当其体重大于浮力时就会不断向下沉降，一路上如滚雪球一般，形成大小不一、形状各异的黏液团，宛如"漫海飘雪"。在没有光的深海环境中，"飘雪"是很难被看见的，如果有一束光照进来，纷纷扬

扬的海雪就会"显形"，就像我们在黑暗屋子里看到的细小尘埃在一束阳光的照耀下飞舞一样。

俗话说"瑞雪兆丰年"，这句话，在深海里仍然有效。这些像海中"飘雪"的较大颗粒物，通过重力作用，加速了"碳沉降"，使海水上层浮游植物固定的二氧化碳可以更快地储存至海洋深处。所以说，海雪承担了**海洋生物泵**的"接力棒"，为深海"碳埋藏"立下"汗马功劳"。

正如来自德国的一位海洋科研工作者所说："深海里的一切都是在等待沉下来的东西，无论是死去的鲸还是海雪，都是深海生物的养料。"在深海，依赖光合作用获取能量的生物是无法生长的，因此大多数的深海生物依赖于从海面上沉下来的物质而生存。海雪将海洋表层的生物排泄物、生物碎屑携带至海底，也为微生物提供了繁衍的"温床"，也增加了深海生物的摄食选择，为暗黑的深海增添了一抹"活力"。

听起来海雪似乎美好而善良，它参与调节了**碳的收支平**

碳的收支平衡

"碳中和"和"碳达峰"作为2021年年度公共热词，进入了大众视野。碳达峰，指的是在某一个时间点，二氧化碳的排放不再增长，达到峰值之后逐步回落。碳中和是指国家、企业、个人、团体在一定时间内直接或者间接产生的二氧化碳排放总量，通过节能减排、植树造林等形式减少碳排放、增加碳吸收，最终，实现二氧化碳"零排放"。

衡，还能够造福于深海生物，可是它美丽的外表下也是暗藏危险的。海雪形成的黏液团是细菌和病毒的良好载体，生物穿行于海雪之时，遭受病菌侵袭的可能性也大大增加。除了致病性，这种黏液团还能困住海洋生物，当海雪的密度非常大时，一般生物在其内部根本无法游泳，即使是大型鱼类也可能会因为被缠绕其中而丧失行动力，或因被海雪封闭住鳃而窒息死亡。

深海的"雪景"，是海洋生态系统中的重要环节。海雪，既能够调节气候，也有为海洋生物带来危险的一面。通过对海雪的了解，我们也学会了辩证地思考问题啦。

死亡，亦有尊严——鲸落

人们总是习惯把鲸叫作鲸鱼，那么鲸是鱼类的一种吗？

虽然鲸类生活在海洋里，外表和大多鱼类一样呈流线型，但是，鲸是用肺呼吸的，所以，我们常常看到鲸在海面"喷水"，那实际上是鲸的鼻孔在呼吸。鲸类也是胎生动物，鲸宝宝要靠母鲸的奶哺育才能长大，这和人类小朋友依靠母乳喂养是一样的。因为鲸类这两个特点，所以鲸类是哺乳动物，而不是鱼类。

鲸类广泛地分布在世界各地的海洋中，包括长须鲸、蓝鲸、抹香鲸等，其中蓝鲸是现存体形最大的哺乳动物。蓝鲸刚出生时就重

鲸鱼的呼吸

鲸类通常每隔10～15分钟浮出水面呼吸一次，呼吸时，喷气孔用力将肺部的气体喷出，气体会将附近的海水卷出，远远看起来像一道白色水柱，像是在"喷水"。

不同的鲸类喷出的水柱高度、形状等会有差异。通常，须鲸类拥有两个呈 V 形排列的喷气孔，而齿鲸类只有一个。

值得注意的是，齿鲸类中的抹香鲸潜水时间可达90分钟，它的喷气孔一般位于左侧。

2~3吨，体长7~8米，可以说是世界上最庞大的婴儿了。幼鲸的食量和生长速度同样惊人，每天增重将近100千克。幼鲸的食物主要是磷虾，它们基本上可以自主捕食磷虾，过上"自己动手，丰衣足食"的生活。

在海洋中生活，也在海洋中死去。

在没有人类捕杀、轮船撞击的时代，鲸类的寿命平均为80余年。死亡后，它们的身体会逐渐沉入深海，这一现象被称为"鲸落"。因为，鲸类生命的消逝更加与众不同，鲸类将它们的身体作为最后的"礼物"赠予深海。

深海，往往是营养匮乏、生物稀少的地方，一座鲸的尸体可以成为供养深海生命的食物。有研究发现，在北太平洋深海中，一座"鲸落"可以维持至少43个种类、1.249万个生物体的生存。也因此，鲸落与热液、冷泉一同被称为深海生命的"绿洲"。

2020年4月3日，中科院"探索一号"科考船搭载"深海勇士"号载人潜水器顺利抵达三亚。此次航行的重要成果之一，是在南海首次发现一个约3米长的鲸落。

鲸落是对海洋的伟大馈赠。当感到生命将尽，鲸就会只身前往一片深海海域，静静地等待死亡的来临。鲸类生命结束的那一刻，美丽而悲壮的一幕就开始了，它庞大的尸体，在慢慢下沉的过程中，成为各类海洋生物的重要食物来源。据已有研究证实，鲸沉到

海底后的四个月到一年左右的时间内，盲鳗、鲨鱼以及**小型腹足纲**和**双壳纲**生物会闻讯赶来美餐一顿，它们会大口大口地吃掉鲸身上的柔软组织，这个阶段鲸的尸体会被分解90%左右。

接着，在不到两年的时间里，小型无脊椎动物，如多毛纲，会前来吃掉尸体剩下的部分。当软组织和骨骼上剩余油脂被彻底瓜分后，有些**多毛纲**动物，如食骨蠕虫，会把鲸鱼的骨骼"据为己有"，它们分泌腐蚀性黏液，将自己的下半

小型腹足纲

软体动物门之一纲，具有螺卷壳。

双壳纲

软体动物门之一纲，具有两片套膜及两片贝壳。

多毛纲

环节动物门之一纲，身体一般呈圆柱状，或背部略扁，身体分为口前叶、一般体节部分和尾节。

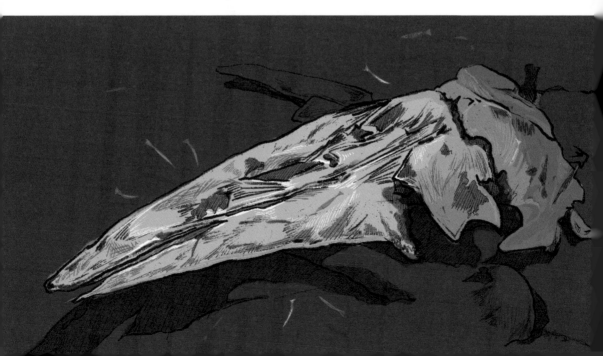

身深深扎入鲸骨内部，从而附着在鲸骨上。但是食骨蠕虫没有眼睛，没有口和消化道，只能依赖它们体内的共生菌——海洋螺菌获得营养，这与热液口管状蠕虫的生存策略"不谋而合"。海洋螺菌生活在食骨蠕虫与鲸骨相连的根部，它们小小的身躯可以将鲸骨中的脂类、蛋白质等有机物分解消化，同时为鲸落生态系统提供碳源，这一阶段要持续数十年。最后，剩下的骨架会慢慢变成礁岩，成为海底生物的栖息地。根据鲸类大小及其所在的深海生态环境，鲸落带来的生态效应可持续数十年到数百年的时间。

"落红护花"
己亥杂诗（其五）
龚自珍

浩荡离愁白日斜，
吟鞭东指即天涯。
落红不是无情物，
化作春泥更护花。

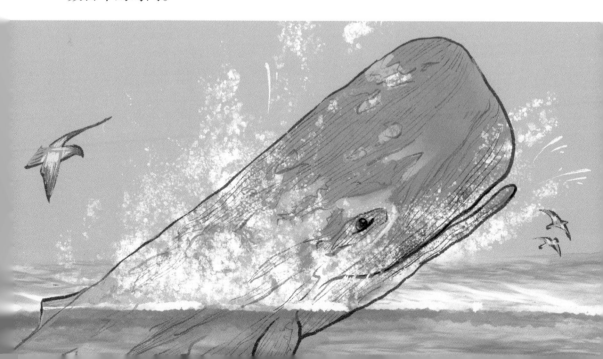

一鲸落，万物生。

鲸依赖海洋而生，而后反哺养育它的大海，这似乎比大地上的**"落红护花"**更为壮阔，却是一样"有情"，用自身为海洋生态系统中的其他生物提供了养料。大自然似乎总有循环再生的智慧，引导万千事物生生不息。

深海之最知多少

　　大千世界，无奇不有。为了保护濒危动物，英国动物保护协会曾发起过一场"没有最丑，只有更丑"的"选丑比赛"。在这场比赛中，生活在大洋深处的怪鱼代表——水滴鱼"荣登"榜首。

　　水滴鱼的学名为软隐棘杜父鱼，它凝胶状、蝌蚪形的体形可适应1 200 米深的强大水压，可由于身体缺少骨骼和肌肉的支撑，当它被捕捞至"低压"区域时，身体会膨胀扭曲，看起来像是委屈地瘪着嘴，极具感染力，因此也被称为"全世界表情最忧伤"的鱼。

　　这场史无前例的选丑比赛，意在呼唤人类保护海洋动物，同时也揭开了深海生物的神奇面貌。浩瀚无垠的海洋好似一个神秘万花筒。让我们一起领略一下深海中那些最大、最毒辣、游泳速度最快、长相最奇特的生物的神奇魅力吧！

　　陆地上，最大、最重的动物非大象莫属，但由于海洋生物在水中可以依靠浮力抵消自身重力对骨骼、皮肤等带来的压力，所以体形可以达到更大。平均情况下，蓝鲸的重量可以达到大象的15倍之多，因此，蓝鲸当仁不让是已知的世界上存活的体形最大的动物。目前，已发现的最大蓝鲸体长达到30多米，体重更是达到200吨以上，仅它的舌头就可以轻松站下50名成年男性，更不必说它宽厚的背部和灵活的尾部。

值得一提的是，蓝鲸们虽然"膘肥体壮"，但它们并不"好斗"，它们最爱吃的美食是以磷虾为主的小小生物。有趣的是，蓝鲸是"低音歌唱家"，它们会使用一种低频率的声音来与小伙伴们取得联络，分享获取食物的信息等。

相较于蓝鲸"慵懒"地张嘴、无选择性地吞咽，拥有着毒液、毒针的箱形水母则会选择主动出击。箱形水母长有多达60根、长度达3米的触须，每根触须上都生长着数千个储存毒液的**刺细胞**。一只箱水母携带的毒液足以毒死60位成年男性。有这样"超能力"的箱形水母会"恃恶行凶"，一旦锁定

刺细胞

是腔肠动物特有的一种攻击及防卫性细胞，是一种在捕食、攻击及防卫过程中特化了的上皮肌肉细胞。当受到刺激时，刺细胞会快速排出一种具有麻醉及毒杀作用的刺丝和毒液。

猎物就迅速漂移过去，借用触须把猎物牢牢缠住并注入毒液，等猎物中毒身亡，它就会果断大快朵颐。由于其造

成过无数起伤害人类、甚至导致人类死亡的事件，箱形水母被认为是世界最致命的水母，是世界上最毒的海洋动物之一。

天下武功，唯快不破。凶猛的旗鱼在捕猎或逃生时，可保持高达25千米/时的巡航速度，是已知的鱼类游泳之冠。旗鱼像大多数鱼类一样，拥有利于游泳的流线型身材，不同的是，它们嘴巴前端有长剑般的吻突，游泳时可迅速将水向两侧分开；它们还拥有储氧量高的红肌（瘦肉），支持较为持久的能量消耗；最神奇的是它标志性的高高背鳍，加速时，旗鱼会将其收至背部凹陷处以减少阻力，"刹车"时，旗鱼会突然将其张开，十分灵活。但，海洋中还有更快的生物，体形较大的鲸类则是已知的速度最快的海洋哺乳动物，最大速度约50千米/时。

世界"第一大萌物"也存在于海洋深处。小飞象章鱼因鳍长

空中飞翔最快的动物速度超过400千米/时，陆地奔跑最快的动物速度可达100千米/时以上，为什么海洋生物"较慢"？

不难想象，鸟儿有风力相助，获得了更高的速度，但海洋生物仅仅是受到水的阻力才速度"缓慢"吗？

限制海洋生物游泳速度的还有"空化效应"：当水中游速快到一定程度，生物尾鳍表面压力低于海水的蒸汽压时就会产生空泡，这些空泡向压力更大的深处运动并随之爆裂，便会对尾鳍造成伤害。因此大型鱼类和鲸类的游泳速度一般不会超过54千米/时。船上的金属螺旋桨，也会在空化效应下产生磨损。

得像大象的耳朵，酷似迪士尼动物小飞象而得
名。它是章鱼中最为稀有的一种，全长20厘米
左右，主要以小型甲壳类动物为食。与其软萌
无害的形象不同的是，为了吸引食物自投罗网，小飞象章鱼会利用
自己的腕足发出盈盈幽光，一旦发现目标立马主动出击。不过，令
人遗憾的是，作为目前"颜值最高"的章鱼，其种群数量已在减
少，小飞象章鱼被列入《世界自然保护联盟2014年濒危物种红色名
录》，守护小飞象章鱼迫在眉睫。

陆地上有大家耳熟能详的变色龙，通过改变身体的颜色完成伪
装，深海中也有"变色大师"，乌贼通常被称为"海洋变色龙"。
乌贼在受到威胁或想要捕食时会变成白色或者透明色，让身体尽量
与环境融为一体，通过降低自己的"存在感"以达到目的。另一方
面，乌贼通过变色向同伴表达情感、传递信息，比如在求偶时，乌
贼会通过变换身体的条纹和斑块来获取异性的关注。

除以上列举的这些，蓝色海洋的深处还有无数令人叹为观止的
生物之最。如最大的无脊椎生物大王酸浆鱿也是动物界中拥有最大
眼睛的生物，它们的大眼睛主要用于应对天敌抹香鲸。最长寿的哺
乳类动物弓头鲸可跨过200岁的年龄大关。最年迈的海底动物单根海
绵则已经有万年高龄。最耐寒的鱼类南极鳕鱼在南纬82度处的寒冷
海域中依旧活蹦乱跳，最耐热的生物庞贝蠕虫直接把岩浆当成"洗

澡水"……

　　神秘的海洋宛如母亲一般，用她宽广的胸襟，接纳着千奇百怪的生物。同样，这些神奇的生物也为我们展示了丰富的生物多样性。近在身边的海洋与幽深的太空一样有着神奇现象和未解之谜。

第三章

海底两万里的科技智慧

奋斗者

把海鲜送上餐桌

"民以食为天"，人类对海洋的探索也是以从海洋中获取食物为开端的。据估算，在不破坏生态平衡的前提下，海洋向人类提供食物的能力是陆地耕种的1 000倍，因而海洋也有"蓝色粮仓"之称。

人类是怎样将美味的海产品从"粮仓"搬上餐桌的呢？这里的故事很有趣。据记载，大约在5 000年前，居住在山东半岛的三里河人就利用渔叉、渔钩等工具捕捞海鱼。后来，人们学会利用芦苇、木材等原料建造船只。从此以后，人们便开始在大海边缘撒网捕获沙丁鱼、金枪鱼、海胆、龙虾等海产品。然而，在人类发明海洋探测设备之前，在茫茫海域定位鱼群的位置是个难题，智慧的人类发现大型哺乳动物出没的海区通常鱼群也不会少；更为直接的是，在巴西的拉古纳，当地居民至今仍保留着与海豚合作捕鱼的传统，宽吻海豚会将鲻鱼赶向渔民，并摇晃脑袋、拍打尾巴通知渔民撒网。

随着生产力的发展，为了扩大生存空间以及探索海洋的奥秘，人类建造出体积更大的船只，在海风和浪潮的帮助下，大船载着人们向更远的海洋进发，这也促进了渔业的发展。

在工业革命的推动下，机器动力开始广泛应用，结束了延续几千年的"一靠风，二靠潮，三靠使橹摇"的风帆动力历史，渔船作业方式从"手工时代"迈进了"机械时代"。深远海渔业资源作为人类食用的优质蛋白来源，其开发受到各渔业国家的重视。

20世纪中叶，随着航空航天等科技的发展，卫星云图天气预测与灾害预报能力提高，我们可以更大程度避免在海上遭遇恶劣天气，保障生命财产的安全。同时，卫星遥感也可进行渔场环境监测，像一个精准的播报员实时播报鱼类洄游的路径，帮助"渔夫"打好"埋伏"。有了现代科技的加持，渔船可以更加安全、科学地获取收益。2020年我国北斗三号全球卫星导航系统建成并全面运行，也为世界渔船与其他航海船舶增加了更加便利、安全、高效的指引。

我们了解到，海洋中不同温度、盐度的海水相遇、混合，可以将深层营养物质带到海洋上层，促进真光层中藻类等浮游生物的生长，从而为大型生物提供饵料，为大量鱼群、虾蟹或鱿鱼等生物聚集形成渔场提供条件。世界上大部分渔场都是因为所在海域营养盐丰富、初级生产力高形成的。

在寒暖流交汇处，由于物理性质差异，一般会造成冷海水下沉、暖海水上升，引起剧烈的海水垂直搅动，通常会显著提高当地的生产力，形成较大渔场。世界四大渔场中有三个都是这样形成的，它们是北海道渔场、北海渔场和纽芬兰渔场。

而在南美洲秘鲁的西部海域，由于强劲的风吹走了表层的海水，使得下层海水上升补充流失的海水，同样也带来了丰富的营养盐，使这里成为世界第四大渔场——秘鲁渔场。

现如今，地球上各个角落的人们都可以随时品尝海鲜的味道，人们对海鲜的需求量也在逐年增加。源源不断的舌尖鲜食正消耗着大海母亲的"库存"。由于过度捕捞，近海渔获量已经呈现出连年下降的趋势，如我国东海传统的"四大渔产"中，只有带鱼、小黄鱼还能够保持一定产量，乌贼和大黄鱼已接近绝迹状态。

为了保护海洋渔业资源，世界上大多数国家都设有休渔期，在这段时间内禁止渔民出海捕鱼，让鱼儿获得生长、繁殖的喘息时间，保证海洋生物资源可持续发展。我国根据海域气候、鱼类繁殖期等因素，将北纬26度30分以北的渤海、黄海和东海海域休渔期设定在每年5月初至9月初或9月中旬，北纬26度30分以南的海域休渔期设定在每年5月初至8月初或8月中旬。

可是，休渔期集中在夏季，正值烧烤旺季，可桌上的海鲜并不少，它们是从哪里来的呢？其实，养殖海产品可以使人们更加方便地尝到海洋美味。起初，人们在近海的天然海水中用围网养殖鳗鱼等易存活的物种，但产量很低；随着养殖技术的发展，渔民利用人工渔礁、**气泡幕**或微电流围网、大型抗风浪网箱等建造海洋牧场，获得了不错的收益；还可以在陆地建造海水养殖工厂，可获得的海产品也更为丰富。经过多年发展，我国形成了浅海、陆地工厂以及深水网箱等多种养殖方式并存的养殖模式，扇贝、生蚝、虾蟹、海参以及多种海鱼都可以通过养殖保质保量地产出。如今，冷藏保鲜运输技术等配套设施也更为发达，即使深居内陆也有机会吃到新鲜的海产品。

气泡幕

气泡幕是人类受海洋生物启发，制造出的应用于渔业捕捞中的技术。该技术可以利用气泡控制鱼类的游泳速度和游泳方向。

聪明的座头鲸常常在水中利用气泡，团队协作，捕获小鱼。当座头鲸发现鱼群时，它们会一拥而上，一边随着鱼群的游泳方向游动，一边利用呼吸制造气泡。大量的气泡形成了"气泡网"，被网住的鱼群就迷失了方向，成了座头鲸的"美味佳肴"。

在食物种类多样化的今天，人类为什么对"大海的馈赠"如此执着？因为在深水低温的环境下，鱼类生长缓慢，因此肉质会更加细嫩紧致。同时，深海鱼被认为富含调节血脂、降低胆固醇等功效的营养成分，十分契合当下人们对饮食健康的关注。因此，在需求的驱动下，深海养殖应运而生。

在我国的黄海中深部，由于周边环流等原因，通常会在夏季存在巨大的冷水团，形成天然的冷水鱼类养殖的场所。2021年6月，在青岛的国家深远海绿色养殖试验区内的"深蓝一号"网箱深海渔场首次规模化收鱼，约有15万条三文鱼在网箱中游弋，这标志着我国规模化养殖高价值鱼类取得了成功。

随着科学技术的进步，无论是通过现代化技术引导科学捕捞，还是建设规模化深海养殖基地，都已取得卓越成效。这只是养殖业的一小步，未来，我们仍需努力进取，创新技术，保证海洋生物资源的可持续发展，将更多的海产品送上餐桌。

每一寸地图的延伸

　　当阅读世界地图的时候，勾勒海洋轮廓的海岸线曲折蜿蜒，人们惊叹其精准；当我们观看海洋纪录片，一片片海域的人文、气象使人仿佛置身于粼粼波光之上；当我们参观海洋馆或者海洋博物馆、科技馆，我们可以沉浸于密集的海洋科学"轰炸"中，如今的我们可以多维度获取海洋科学知识。那么，当我们的祖先开始赤足站在海滩上，试图探索甚至征服海洋时，他们历经了怎样的艰难险阻，才一步一步了解海洋、刻画海洋的呢？

大约在50万年前，人类的祖先出现在亚洲、非洲和欧洲，开始建立璀璨的人类文明。自古以来，海洋既是食物的来源地，也是危机四伏的凶险地。

最初，人类海上探索只能沿着海岸线前行，伴随着天文和航海知识的积累，人们逐渐掌握了风云、星辰、洋流甚至鱼群的规律，海上地图的延伸在人类的智慧中代代相传。

晚期智人的首次航海旅行可能始于6万年前，他们徒步穿越了阿拉伯半岛、伊朗、印度和中国，并开始利用树木和藤蔓自制船只。

晚期智人

也称现代智人，指解剖结构上的现代人，晚期智人的体质特征与现代人类相差无几。我国境内发现的晚期智人遗址中，主要有河套人、柳江人、资阳人、崎峪人和山顶洞人等。

公元前6000年左右，人类航海史出现了划时代的革新——南岛人的居住地和中国东南部都出现了最早的帆船。我们的祖先开始在中华文明发源地——长江、黄河上航行。

东汉末年汉朝流传下来的《异物志》中记载了"涨海崎头"，其中的"涨海"指的就是**"南海"**，"崎头"意为"南海中的岩石、珊瑚礁和岛屿"。彼时，中国与印度之间的商船经南海频繁往来。

约公元754年，**唐朝鉴真东渡**到日本，传播中华传统文化。同时唐朝人沿南海不断向西南探索，与阿拉伯人共同将海上东西航线连接，海上"丝绸之路"与中国的海外贸易亦盛极一时。

明朝统治者鼓励对外开放，中国的航海事业也愈发繁荣。公元1405年，郑和率领27 000余人的船队，驾船舶200余艘，从刘家港出发，劈波斩浪，浩浩荡荡地带着中华文化的印记南下**西洋**。

南海

位于中国大陆的南方，是太平洋西部海域，中国三大边缘海之一，该海域自然海域面积约350万平方千米。其海洋矿产资源、生物资源、旅游资源丰富。

我国汉代、南北朝时称为涨海、沸海，清代逐渐改称南海。

唐朝鉴真东渡

鉴真东渡是唐朝中外交流的重要事件。

鉴真，姓淳于，扬州人。他应日本圣武天皇的邀请，由扬州东渡日本，传授佛教。鉴真六次东渡，历经艰险，终于在753年携同弟子24人随日本第十次遣唐使船到达日本，成为"传戒律之始祖"。同时，鉴真还精通医学，对日本医药学的发展也做出了重要贡献。

西洋

泛指西方国家。该词最早出现在五代，不同时代含义不尽相同。

公元1405年至1433年间，郑和所带领的船队也越走越远，他们先后到达了东南亚、南亚、西亚和非洲的30多个国家和地区，加强了海上丝绸之路的贸易建设，为世界文明和人类进步做出了巨大贡献。

在传播中华文化的同时，郑和下西洋还为后人留下了宝贵的史料资源。长达20页的郑和航海图是世界上现存最早的航海图集，其中记录了109条航线，以及2页4幅过洋牵星图。这幅航海地图高20.3厘米，长560厘米，包含500个地名，其中的记录表明当时的中国已具有高超的航海技术和较高的海洋科学水平。

在郑和探索世界的时候，西方正在经历文艺复兴。为了减少与东方的贸易成本，欧洲人试图寻找通往亚洲的海路替代原来的陆路运输。其中，以葡萄牙最为先行，1416年，航海家亨利王子建立了航海学校，极大地促进了航海事业的发展。

1487年，葡萄牙船长巴尔托洛梅乌·迪亚士带领船队到达非洲最南端，这里风暴频发，十分危险，被称作"风暴角"。但葡萄牙国王认为既然能到达这里，就有到达东方印度的希望，就把这里更

名为"好望角"。后来葡萄牙船舶就经常取道好望角驶向东方进行贸易。

1519年到1522年，葡萄牙航海家麦哲伦率领的船队完成了人类历史上第一次环球航行，证明了地球是圆的。同时，该船队首次穿越南美洲南端的海峡，后人将其命名为"麦哲伦海峡"。自此，人类进入"大航海"时代。

欧洲人在15世纪以前已熟悉大西洋、印度洋的轮廓，经15、16世纪频繁的航海探险，到17世纪，他们已准确地绘出了美洲及旧大陆各洲的轮廓图，而对太平洋的探险则一直延续到18世纪中期。

明朝万历三十年（1602年），意大利传教士利玛窦等人绘制出了中文世界地图《坤舆万国全图》，中国最早的彩绘世界地图出现了。清康熙十三年（1674年），比利时传教士南怀仁又绘制出了《坤舆全图》，这些地图的出现对中国的地理学乃至整个思想界都产生了冲击，以"地圆"说冲击了"天圆地方"说，以"五洲"说冲击"九州"说，中国对世界版图产生了新的认知，也开始重新审视中国之外的世界。

人类对世界探索的脚步从未停歇，1724年俄国的海军准将白令奉命探索亚洲大陆和北美大陆之间的海岸。1768—1779年，英国库克船长带领船员成为首批登陆大洋洲东岸和夏威夷群岛的欧洲人。

18世纪之前，受**西风带**和极地气候的阻拦，人类的脚步始终未能踏上被浮冰围绕的神秘南极大陆。从1819年开始，陆陆续续有探险家抵达南极大陆周边岛屿，并最终登上南极大陆。在1895年的国际地理学会议上，南极洲大陆的存在被正式认可。

西风带

又称盛行西风带，位于南北半球的中纬度地区，副热带高气压带与副极地低气压带之间，是赤道上空受热上升的热空气与极地上空的冷空气交汇的地带。

前人不懈的探索刻画出了地图的每一笔，地球上大部分的陆地和海洋都拥有了自己的名字。但人类的海洋探索之旅并非一帆风顺。20世纪60年代，美国潜艇"脱粒机"号、"蝎子"号失事，全体乘员付出了生命的代价。这些悲恸的事件时刻提醒着我们，探索海洋是一项充满挑战的事业，我们需要保持敬畏之心，掌握海洋科学知识，并进行科学的规划，循序渐进。

如今，绘制地图不再需要脚步的丈量。我们有了环地卫星，可以高精度绘制每一寸地图。甚至，我们还可以利用卫星高度计粗略绘制出海底形状。未来，我们将带着更新的科学技术，在成熟的地图上向深海进发！

寻秘海洋，向未知出发

哪些陆地自然景观曾让你一眼万年？是调色盘一样的彩虹山、石柱连绵的巨人堤道还是冬暖夏凉的龙宫溶洞群？大自然的鬼斧神工让人如入童话仙境，流连忘返。人类的探索逐渐揭开它们神秘的面纱，比如，彩虹山的一条条"彩带"是由地层不同矿物成分散

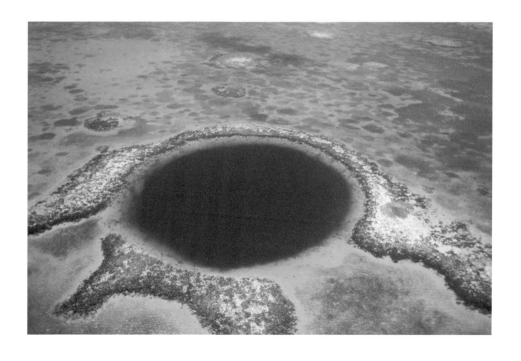

射不同光谱而成的。其实，海洋中也同样有让人叹为观止的奇观，或近或远，等待人类的揭秘。

海洋中存在一种深邃的蓝色圆形水域，就像大海的瞳孔，凝望着远方。因为其形状酷似眼睛，所以这样的蓝洞常被人们称为"海洋之眼"。其中较为出名的是**伯利兹大蓝洞**，它的形状几乎是一个完美的圆形，直径约400米，深达145米，被两条珊瑚礁包围。伯利兹大蓝洞是世界十大地质奇迹之一。那么它是如何形成的呢？

伯利兹大蓝洞

伯利兹是位于中美洲北部的一个国家，伯利兹大蓝洞位于伯利兹外海约96千米处，也叫作洪都拉斯蓝洞。

冰盖

又称大陆冰川，是覆盖着广大地区的极厚的冰层的陆地。在极地或高山地区，地表多年积雪，经过压实、重新结晶、再冻结等成冰作用形成了冰川。

在两百万年前的冰河时期，极寒会将水冻结成**冰盖**和冰川，导致海平面大幅下降。冻结过程中淡水和海水交相侵蚀，这会在石灰质地带产生许多岩溶空洞。蓝洞也曾是一个巨大岩洞，由于重力和地震等作用坍塌出一个圆形开口，成为敞开的竖井。当冰川融化，海平面升高，海水便倒灌而入。由于光在海水中被吸收，较深区域的海水颜色就变暗了，因此中间的海水就变得"深邃幽蓝"了。伯利兹大蓝洞因拥有钟乳石群和丰富的海洋生物而闻名，是全球最负盛名的潜水胜地之一。目前世界上发现的最深的蓝洞位于我国三沙市西沙群岛永乐环礁的晋卿岛，石屿礁盘的中间，深达300.89米。

除了"海洋之眼"这类美丽奇观，还有一类荒芜的"海洋荒漠"。之所以被称为"荒漠"，并不是因为这里有大量沙子，而是因为这里像陆地的沙漠一样贫瘠。我们知道，海水中营养盐的来源主要有两种，一是陆地径流的直接输入，另外则是寒暖流交汇或者上升流等物理过程的垂直混合作用，把深层富营养海水带至上层。从而，海水的营养盐可利用性增加，海域初级生产力提高，鱼类等海洋生物获得滋养。可在广阔的海洋中总有一些地区，由于远离陆地缺少地表径流，也不位于洋流交汇等海域，同时海水深度较深，海底营养物质难以输送至表层，种种不利因素使得该海区的表层海水中营养盐十分稀少，因此其中浮游生物的生物量很低，也鲜有鱼类等光顾，就像是沙漠一样渺无人烟。

位于南太平洋环流区中心的"尼莫点"便是其中的典型代表。不过这块"海洋荒漠"并非毫无用处。因其面积广袤且远离陆地，生物踪迹稀少，"尼莫点"成为航天器降落的绝佳地点。当人类的航天器结束任务，并且不再回收使用时，就会选择在这里坠毁，所以，这里又有"航天器坟场"之称。我国第一个空间实验室"天宫一号"，就是受控在这里坠毁的。

　　大自然的鬼斧神工能够创造海洋中的奇特景观，人类的"助攻"也为大海的神秘添了一抹色彩。百慕大三角是由大西洋西边的百慕大群岛、美国东南角的佛罗里达州首府迈阿密和中美洲波多黎各首府圣胡安三点连接而成的三角区域。据记载，哥伦布发现美洲之旅途经百慕大三角区域时，曾遭遇狂风巨浪，罗盘失去作用，那时人们开始认为这片海域中存在凶猛的海底怪兽，众口铄金，给百慕大三角披上了一层神秘的面纱。后来，因为这里发生过多起似乎无法解释的坠机、沉船等事故，这里一度被舆论称为"魔鬼三角"。

后来经过科学证实，发生于此处的事故是由于船只技术操作失误，或者飞机训练不当，再或者是其他区域的故事嫁接，并未发现非人为原因所致的神秘事件。而且，据统计，百慕大三角的船只和飞机的失踪比例，并不显著高于其他海区。如今，世界上各航空公司、轮船公司都在此地正常运行，真实的百慕大三角，既不惊悚也不神秘，是世界上最繁忙的商业海域之一，也是风景优美的度假胜地。

随着海洋科学技术的发展，人类向着海洋进发的脚步从不停歇，大海的神秘面纱被徐徐揭开，但海洋中仍有许多科学谜题尚无定论。坚持科学探索，才是驱散黑暗打开未知世界大门的唯一钥匙。

成为一名潜水员

你在海洋馆有没有注意到在水中辛勤工作的潜水员？你是否想像他们一样在水中自由自在地与鱼儿互动呢？

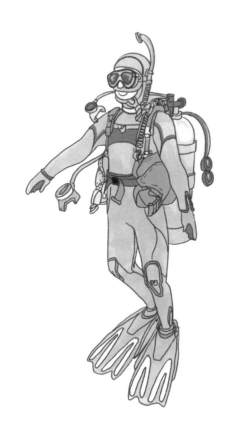

海洋馆里的潜水员每天的工作十分忙碌，他们需要照顾动物们的饮食、维护水下环境等。有时我们会看到潜水员在水中的投食表演，也会看到他们在水底搅动珊瑚砂，清理鱼类的粪便。潜水员还负责定期清理玻璃展窗，以便于人们更好地观察水中生物的一举一动。

能够在水下顺利工作，离不开潜水设备的帮助。潜水服保护潜水员身体的热量不过度散失，潜水眼镜可以让他们在水中睁开眼睛，潜水手套能防止潜水员在水中工作时被坚硬的贝壳或珊瑚划伤，而铅块配重和浮力调节背心则可以让他们在水中维持平衡、自由上下。此外，稍显"笨重"的氧气瓶则主要用来为潜水员提供呼吸所需的空气，如此全副武装，潜水员才能进行水下作业。

其实，除了在海洋馆内工作的潜水员，在汹涌难测的自然海洋里，也有潜水员工作的身影。

2 000多年前的海底采珠人可以算是最早的"潜水员"了，那时的他们没有辅助设备，却能在海底忙碌2~3分钟。从小接受潜水训练、掌握特殊潜水能力的**巴瑶族**，一般情况下也可以下潜几十米。这可是非常了不得的，因为人体的抗压能力是有限的，在陆地上，人体内向外膨胀的压力与大气压施加在人体上的压力会相互抵消，所以我们不会感到异常，但在水中下潜深度每增加10米，人体就多承担一个大气压。新西兰人威廉·特鲁布里奇30岁时在无装备辅助的情况下，下潜至水下121米，打破世界纪录，挑战了人类身体的极限。

巴瑶族

生活在印度尼西亚、马来西亚和菲律宾的岛屿之间的民族，拥有很强的潜水能力。这个古老的海洋游牧民族常被喻为"海上吉普赛人"。

在有潜水装备辅助的情况下，人类的最深潜水纪录是332米。潜水员在一根绳子的帮助下仅花了12分钟到达所潜深度，但他返回水面却足足花了15小时。为什么返回过程这么慢呢？原来，从深水中上浮时，如果压力减小过快，会使溶解在人体组织的氮气在肌肉、血液、关节等处形成微小的气泡，从而引起关节疼痛、头疼、神经障碍、组织坏死，严重情况下，还会引起瘫痪甚至死亡。不仅人类如此，即使在经过数百万年进化的鲸类身上，这种健康风险也同样会出现。鲸类由高压情况下快速返回上层水面时，体内形成的气泡积累也会使鲸类出现健康问题。所以，进行科学的潜水活动，严格控制潜水深度和时间是十分必要的。

　　潜水员在野外海水下会进行哪些工作呢？他们会用水下相机拍照，或用潜水笔在记录板上记录重要细节，也会进行珊瑚种植、海马保育，保护濒危物种及其栖息等工作。通常情况下，潜水员是要避免触碰海洋生物的，尤其是脆弱且生长缓慢的珊瑚礁；特殊情况下，在潜水员短暂的观察、记录难以满足科学研究需求时，他们会在科学允许的范围内采集少许样品，以协助科研工作者做更加深入的分析研究。

　　其实，除了探索者，潜水员还有一个重要身份，那就是"大海的美容师"。近年来，垃圾分类成为全民热点，海洋垃圾同样也备受关注。当专业的潜水员在大海里见到垃圾，他们会力所能及地将垃圾拾起。这些垃圾若不被捞出，便很有可能进入鱼儿的肚子、缠绕海龟的身体，也可能在海底腐烂发臭。很多潜水员就像海洋清洁工，他们用自己的潜水技术，维护着水体的健康和纯净。如今越来越多的潜水员自发地在潜水过程中"捡垃圾"，净化海洋。

你想成为潜水员的一员吗？别着急，年满15周岁，你就可以报名参加国际专业潜水教练协会（PADI）课程学习，从而有机会成为一名"初级潜水员"了。这可是有趣又充满挑战的工作，快来和我们一起学习本领、保卫海洋吧！

潜入深海的机械"精灵"

从赤足踏上海滩的古人，到背着潜水设备下海的潜水员；从独木舟划桨捕鱼，到破冰船"双龙探极"。人类对海洋的探索之心从未改变，探海的方式一直在更迭。从浅滩到深海的每一步，都离不开科技的加持。

如今，深海中活跃的身影里，除了千奇百怪的海洋生物、偶尔到访的人类，还有高科技加持的机械"精灵"。它们不怕冷、不怕

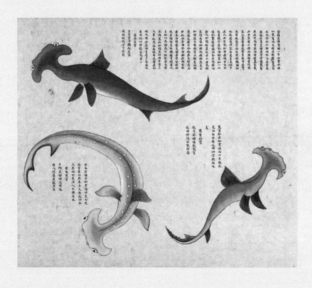

【双髻鲨、云头鲨、黄昏鲨】

《海错图》中有三种头似弓弩手的鲨鱼，据画中点的描述来看，它们一对挂在头两侧，处皆有

龙官横鳍，头枕双髻

聂璜绘制的《海错图》

《海错图》的作者是清代聂璜。"海错图"中"错",是错综复杂、品种繁多的意思。聂璜游历沿海多年,将自己所见所闻绘就成了《海错图》。图中绘有海滨植物、海洋生物以及坊间传说等。

全套《海错图》共四册。现在前三册《海错图》藏于北京故宫博物院,第四册则藏于台北故宫博物院。

Argo

Argo一词源自古希腊神话,指一艘由伊阿宋等古希腊英雄在雅典娜的帮助下建造的神船。伊阿宋率领50位勇士搭载"Argo"号大船渡过茫茫大海、经历艰难险阻,战胜了恶龙,并获得了金羊毛的奖励。有的古典作家说它是世上第一艘航海的船。

黑,也不需要吃饭,能独自在海上承担"科研任务",是海上科学考察的忠实助手。对海洋的观测方式决定了人类对海洋的认知程度,在没有高科技加持的古代,人们只能用眼睛观察海洋,用手中的笔记录海洋。即便如此,也有耀眼的观测成果流传至今。公元前4世纪,古希腊学者亚里士多德就在《动物志》中系统地记录了爱琴海的170多种生物。公元1世纪,中国东汉时期的王充曾科学地指出了潮汐和月球运动之间的关系。清朝康熙年间,画家聂璜绘制的《**海错图**》,生动地记录了他观察到的300多种生物,可谓妙趣横生。但人类对于海洋科学的系统观测,却是从最近一两百年开始的。

海洋观测的传统方式是搭乘海洋科学考察船,自然资源部的

"雪龙"号和"向阳红03"号、中国科学院的"科学"号、厦门大学的"嘉庚"号、中国海洋大学的"东方红3"号等都是目前国际上先进的科学考察船。科研工作者搭乘科考船行驶到需要考察的海域，采集不同类型的样本进行分析与研究。但利用科考船考察的方式耗时久、成本高，考察的时间和空间范围有限，所以，海洋中还有很多人类尚未涉足的区域。

从20世纪80年代开始，很多观测海洋的机器人，如剖面浮标、水下滑翔机、无人帆船等应时而生，它们可以代替人类进入广阔的大洋与深海进行观测，通过卫星等方式将海洋信息密集地传递给人类。

目前，海洋中数量最多的机器人当数剖面浮标。剖面浮标是一种放置在海洋中一边漂浮，一边帮忙收集海洋信息的装置。它看起来是个一人多高的大圆柱，科研工作者把它投放到海洋里，它会像海洋生物一样调节自己的浮力，有时下沉、有时上浮，最深可以潜到水下2 000米甚至6 000米的海洋深处。从1999年开始，全球40多个国家和地区的海洋科研工作者们就开始齐心协力向海洋中投放这些小机器人，还给它们起了希腊名字：**Argo**"阿尔戈"，这是希腊神话中一艘大船的名字。今天在全球的海洋里，已经有接近4 000个

"阿尔戈"浮标在工作了。这些浮标不仅可以测到温度和盐度，还会测量水下的光照、水的酸碱度、水中的氧气浓度和营养物质情况等。它们就像是遍布海洋的"听诊器"，每天都在给海洋"做体检"，让科研工作者们能第一时间了解海洋的"健康情况"。

毛主席1965年曾有词云"可上九天揽月，可下五洋捉鳖"。2020年，伴随着"嫦娥五号"成功携带月球土壤返回地球，人类也已向更深处的海洋进发。我们自主研发的"奋斗者"号载人深潜器在马里亚纳海沟成功下潜至10 909米，毛主席两个美好的愿望都已变成了现实。

我们知道深海内压力巨大，在10 000米深的海底，每平方米的压力超过10 000吨。如同外太空中的空间站保护人们免遭太空辐射一样，深海载人深潜器的发明，让人类成功克服了深海巨大压力的障碍，得以顺利潜入深海进行探索。"奋斗者"号下潜到海底后，科研工作者可以像驾驶着"深海机甲"一样灵活操作机械臂进行深海的样品采集探测工作。利用深海载人深潜器，人类对深海有了更多的认识。"奋斗者"号传回的照片，让我们得以近距离观察10 000多米深的海底。当然，不止我国的"奋斗者"号，国际上还有美国的"阿尔文"号、法国的"鹦鹉螺"号和俄罗斯的

"和平"号等一系列深潜器。正是有了深海载人深潜器这一"海底空间站"，我们才有机会更加走近深海。

　　进入21世纪以来，海洋科学与技术在国家的高度重视和支持下取得了空前进展，人类探索海洋的方式更加多样，对海洋的认识也在不断加深。虽然我们现在在海洋认识方面的成就达到了前人未有的高度，但也只是沧海一粟。"欲穷千里目，更上一层楼。"只有不断开拓，沿着"关心海洋、认识海洋、经略海洋"的逻辑轨道，才能在"星辰大海"的征途上，书写新的奋斗答卷。

深海中的"千里眼"和"顺风耳"

我们的老祖先最初在浅海滩上艰难地撑起木船，打鱼航行，是为了向大海母亲索取食物，为了生存。现在，在科技"精灵"的加持下，我们将目光投向了海洋的更远更深处，不断刷新着中国深海探索的前沿坐标。

探索海洋，离不开大量的数据支持。如果只依靠人工收集数据，就需要通过搭载科考船，在茫茫大海上持续工作，才能收集到连续的、精确的数据。

可这也太费劲了！如果可以把"千里眼"和"顺风耳"放到大海里，直接获取数据，那该多好！

具有"水下眼睛"之称的水下电视利用**眼睛观察事物的原理**，将水下摄像机放入海洋进行"观察"，再通过传输电缆，将其"观

眼睛观察事物的原理

眼睛通过收集光线，将不同颜色、不同强度的光投射到视网膜上，通过视神经传递到大脑，因而我们可以看到丰富多彩的世界。

察"到的图像传输至水面上的监视器，这样人们不用亲自下水也能看到海面下的情况，达到了"千里眼"的效果。

随着海洋科学技术的发展，国内外多种自动化成像显微系统、水下浮游生物成像仪器等迅速出现，这为"千里眼"增加了显微镜的功能，也让这些"眼睛"的作用不断延展。

"千里眼"可以远距离地观察各类图像，而"顺风耳"则在探测、搜寻等方面发挥更大的作用。**"泰坦尼克"号**的事故发生后，许多探险队前去寻找船体遗骸，但均以失败告终。直到73年后，美国和法国的联合探险队才在北大西洋海底3 784米深处找到了它的残骸。找到它的"功臣"不是别的，正是回声测深仪发出的侧扫声呐。

声呐技术是人类向动物学习才发明的产物，它就像水下"顺

"泰坦尼克"号

是一艘20世纪初体积最庞大、内部设施最豪华的邮轮，但在首航四天后与冰山相撞沉没。后来这个事件被拍成电影《泰坦尼克号》。

声呐

一种声学探测设备，其原理是利用声波在介质中的传播和反射特性，通过发出声音、接收回声，来判断探测到的物体的距离与形状等。

风耳"一样。部分海洋哺乳动物也有与生俱来的"顺风耳"，它们利用回声定位系统探寻食物和相互通讯。海豚回声定位系统的灵敏度很高，不仅能巧妙地躲避几米以外直径 0.2 毫米的金属丝，还能发现几百米外的鱼群。即使遮住眼睛在插满竹竿的水池中穿行，海豚也不会迷路。鲸类也使用回声定位系统在深海搜寻猎物，而且作用距离比海豚更远。

人类的"顺风耳"技术不断更迭，除了回声测深仪之外，还延伸出多普勒声呐、ADCP 流速测量仪、鱼探仪、水声通讯系统等。

有了"千里眼"的支持，我们可以直接观察水下建筑的施工过程、海底地貌形态和海底表层地质结构、海洋生物的生活习性等；而且"千里眼"的图像识别技术与深度学习模型的构建相结合，可以帮助科研工作者快速识别、鉴定海洋生物类群并计算丰度，这对预测和监管有害藻华等自然灾害有着重要意义。

"顺风耳"则可以帮助人们开展深海海底地形地貌的测量，同时让海洋探测、水下通讯和水下定位导航等工作变得更准确、更便捷。此外，水声目标探测技术还可以应用于海洋油气田开发、潜器对接、水下搜救等领域。

深海里"千里眼"和"顺风耳"技术的发展在我们探索海洋的过程中发挥着极为重要的作用，是现代化探秘深海的技术支撑。

深海探索的"中国足迹"

1637年宋应星所著的《**天工开物**》中，记载了我国南海地区潜水采集海珠的情形。传说在公元前4世纪时，亚历山大大帝曾尝试把自己装入玻璃罐中以潜入海底。

如今，与太空探索、登月竞争以及极地开发一样，深海资源已是国际社会关注的另一处赛场。海底拥有

《天工开物》

《天工开物》中对"没人"的记载："身中以长绳系没人腰，携篮投水。凡没人以锡造弯环空管，其本缺处对掩没人口鼻，令舒透呼吸于中，别以熟皮包络耳项之际。极深者至四五百尺，拾蚌篮中。气逼则撼绳，其上急提引上，无命者或葬鱼腹。凡没人出水，煮热毳急覆之，缓则寒栗死。"

锰结核、热液矿床，还有深海油气、"可燃冰"等多种重要资源，而且含量巨大，如果将海洋中的金矿全部开采出来平分给地球上的人们，那么每个人将分到约4千克。20世纪末以来，国际海域和海底资源竞争越来越激烈，建设海洋强国是实现中华民族伟大复兴的必由之路。

其实，近代以来的深海探索工作，包括深潜技术的发明等，主要是由西方各国主导，各类调查船、探测装备、载人深潜设备、遥控深潜器、海底检测网等技术和设备在国际上相继出现。

随着祖国的日益强盛，国家大力支持加快建设中国特色海洋强国，我们对深海的探索稳扎稳打。虽然我国的载人深潜器研发起步晚，但发展速度很快。

"蛟龙"号是首个由我国自行设计、自主集成研制的载人深潜器。2012年"蛟龙"号载人深潜器三次7 000米海试成功，标志着我国成为世界上第五个掌握大深度载人深潜技术的国家。"蛟

锰结核

锰结核又称锰团块、锰矿球，它是沉淀在大洋底的一种矿石，表面呈黑色或棕褐色，形状如球状或块状，含有30多种元素，其中最有商业开发价值的是锰、铁、铜、钴、镍等。

热液矿床

矿床是矿产在地壳中的集中产地，由地质作用形成，其所含的有用矿物资源能被开采利用。热液矿床是海底地壳运动产生的热液形成的矿床。

龙"号海试成功后，国家并没有立即启动万米级深潜器的研发，而是立项研发4 500米级的载人深潜器"深海勇士"号，旨在突破载人球舱等核心部件，实现技术自主创新，为建设万米级载人深潜器打下坚实基础。2017年10月，"深海勇士"号在南海完成全部海上试验任务，实现了我国深海装备由集成创新向自主创新的历史性跨越。在我国的南海海底，科研工作者搭载"深海勇士"号发现了**冷水珊瑚**、深海冷泉等，并将该冷泉命名为"海马冷泉"。

"深海勇士"号实现关键技术突破之后，我国万米级载人深潜器研发工作于2016年启动，并被命名为"奋斗者"号。2020年10月27日，"奋斗者"号在马里亚纳海沟首次海试直接挑战万米并一举成功，下潜深度达到10 058米，创造了中国载人深潜的新

冷水珊瑚

与常见的暖水珊瑚不同，冷水珊瑚分布于4~12摄氏度的较深水域，其不与单细胞藻类共生，主要以水中的浮游生物以及浅水层沉降下去的有机质为食。迄今为止，发现冷水珊瑚区域的最深纪录为6 283米。

2018年5月11日至23日，我国自主研制"深海勇士"号载人深潜器在南海完成科学首航。其间，汪品先9天时间里3次下潜到1 400余米的深海，在西沙海区1 000多米的深海海底，汪品先意外发现了一片深水珊瑚林，这是我们在南海首次发现"深水珊瑚林"。他谦虚地称自己的深海工作经历为"爱丽丝漫游仙境去了"。

纪录。11月10日8时12分，"奋斗者"号在马里亚纳海沟成功坐底，坐底深度10 909米，刷新中国载人深潜的新纪录。从2020年10月第一次进行万米海试到2021年第二航段常规科考应用任务结束，"奋斗者"号总共完成了21次万米下潜，在马里亚纳海沟"挑战者深渊"最深区域进行了科考作业，采集了一大批珍贵的深渊水体、生物、沉积物、岩石等样品。

截至目前，我国已有27位海洋科研工作者通过"奋斗者"号载人深潜器到达过全球海洋最深处，我国万米深潜次数和人数居世界首位。

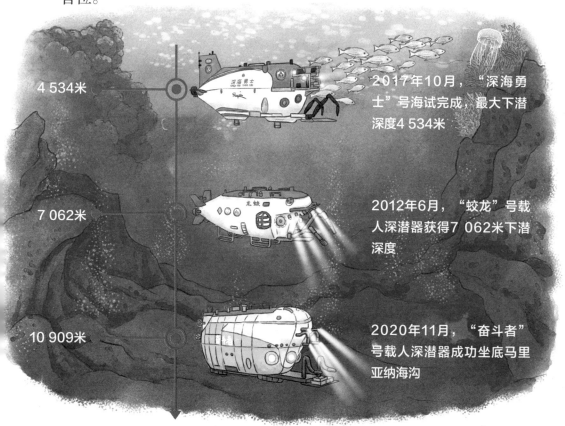

4 534米　　2017年10月，"深海勇士"号海试完成，最大下潜深度4 534米

7 062米　　2012年6月，"蛟龙"号载人深潜器获得7 062米下潜深度

10 909米　　2020年11月，"奋斗者"号载人深潜器成功坐底马里亚纳海沟

第四章

纯粹的深蓝

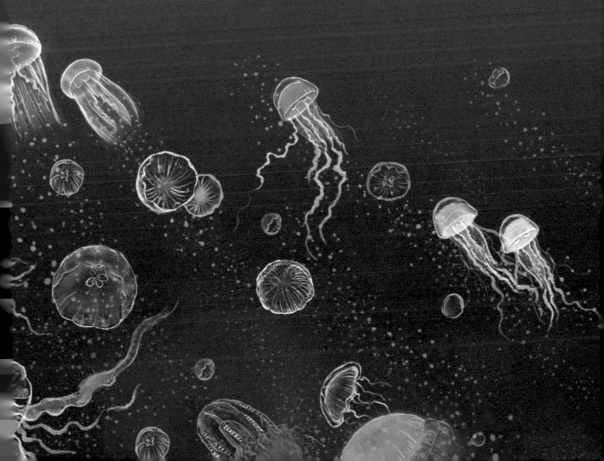

我们为什么探索深海?

海洋是生命的摇篮,其中约90%的面积是水深超过1 000米的深海海域,探索深海是了解海洋的必经之路。

如果把海洋看成一个大大的水团,它就像一个热能储存仓库,通过与大气、陆地交换物质和能量,调节着全球气候。海洋上层的浮游植物可以吸收大量二氧化碳进行光合作用,合成有机物为海洋食物链提供物质和能量,历经真光层、弱光层的"聚集、打包",有机碳颗粒继续沉降至深海,在深海完成碳的"封存"。

作为"固碳小能手",海洋储存了地球上90%以上的二氧化碳。因此,深海是固碳与储碳的天然**碳汇**,是减缓全球变暖、助力气候调节的"缓冲器"。

随着海洋科学的进步,我们了解

碳汇

是指吸收大气中的二氧化碳,从而减少温室气体在大气中浓度的过程、活动或机制。

到深海有着丰富的生物多样性资源和矿产资源。至今，人类对海洋的探测仍不足其10%，深海的神秘和潜力让人看到了不可估量的资源和人类的未来。

先从深海"住客"说起。别看深海生存环境恶劣，可也展现出别样的活力。深海生态系统是地球上已知的最大的生物栖息地，主要包括深海热液区生态系统、深海冷泉生态系统、深海冷水珊瑚生态系统、海山生态系统、深渊生态系统等特殊生态环境。其生物多样性——包括基因多样性、物种多样性、群落多样性都极高，是新型生物资源的宝库，具有极大的生态价值。

在这些"生命绿洲"中，不仅有靠"吃"硫化氢等无机物生活的细菌，还有依赖共生细菌提供营养的"海底玫瑰"——管状蠕虫；有能在海底高于100摄氏度的温度下生存的嗜热微生物，还有和恐龙同时代生活过、靠极其微量的氧气存活的"万万岁"原核生物。深海特殊生态系统中极高的生物密度和独特的生物多样性，孕育着丰富的基因资源，为我们发现新的生物代谢途径及产物、探索生命起源等提供了"宝库"。

除"活宝贝"外，深海丰富的矿产资源也是它雄厚的财富。深海的矿产宝藏主要有以下几种：第一类是多金属结核，也称铁锰结核，一般分布在深海沉积物表面；第二类是多金属硫化物，是海底热液多金属矿床的一种；第三类是富钴结壳，多分布于海山、洋脊、台地和海丘的顶部和侧面；还有天然气水合物等清洁能源，主要存在于北极地区的永久冻土区和海底、陆坡、陆基及海沟中。这些藏在深海的资源，是助力现代科技、绿色新技术发展必不可少的原材料，例如，钴用于混合动力汽车和电动汽车电池，碲可用于光伏太阳能发电，等等。

对深海矿产资源的开发和利用，不仅可以满足国家产业发展对矿产供应的需求，还能促进洋底填图及相关技术的发展。深海战略已经成为众多国家核心战略的重要组成部分，我国也把深海确定为四大"战略新疆域"之一。

20世纪90年代中国大洋矿产资源研究开发协会成立，我国开始系统性开展深海大洋工作，经过30多年的发展，我国的深海事业迈入国际深海舞台，在深海资源调查、深海技术发展、基础保障能力、国际规则制定话语权等方面实现了跨越发展。

一系列成果也让科研工作者有了继续探索的动力。2017年海上钻井平台"蓝鲸1号"首次出海，实现了我国在可燃冰开采领域"零"的突破。我国作为可燃冰资源储量最多的国家之一，除了陆地冻土区外，整个南海的可燃冰地质资源量约为700亿吨油当量，远景资源储量可达上千亿吨油当量，开发前景广阔。

海洋生态系统通过与大气、陆地的物质能量交换来调节、稳定全球气候，且提供了地球最大的储存温室气体的空间；海洋之中还蕴藏着大量尚未认知和开发的宝藏。

　　如今，随着全球气温的逐渐升高，海水的层化越发显著，海洋上层营养盐补充愈加困难，初级生产力有降低的风险；同时深海中的氧气补充减少，威胁到深海生物的生存。塑料垃圾的涌入更是可以直接或者间接威胁海洋生物的生命安全。海洋生态环境的改变破坏了海洋生物的栖息地，使得许多深海种群生物多样性断崖式减少，环境适应力减弱，给深海生态平衡带来威胁。

　　海洋自表至深，既生机勃勃又"内涵"丰富，且当下的"深海之争"关乎国家安全和未来的战略发展布局。同时，全球生态环境恶化，海洋生态环境受到了严重的威胁。探索深海，了解其中更多的奥秘，才能更好地开发和保护深海，保护源源不断滋养着人类的海洋家园。

海洋也会"热坏"吗?

2019年8月18日,一场特别的"葬礼"吸引了世人的目光。冰岛主要官员和科研人员集聚在约700岁"高龄"的奥克冰川原址前,为其"送行"。到2012年,奥克冰川从 16 平方千米减小到不足 0.7 平方千米,2014年,因溶化严重,所剩面积太小,已无法满足地理学上关于冰川的要求,成为世界上第一个被宣布"死亡"的冰川。它的墓志铭也很别致,是"给未来的一封信",科研人员希望借此呼吁人们关注全球气候变暖对冰川的影响。

地球越来越"热"早已是公开的秘密。人类工业革命以来,大量的化石燃料燃烧,二氧化碳、氧化亚氮、甲烷等温室气体不断累积,如"花房"般罩在地球之上,使得全球变暖日渐严重并由此带来了一系列连锁反应。

温室气体带来的**温室效应**(也叫"花房效应")使得地球逐渐增温,海洋因此吸收了更多的热量,导致海水温度上升;而地球升温又加速了两极冰川融化,海洋承载了更多的冰川融水,导致海平面逐年上升。这些连续变化不断刺激着海洋生态系统，又间接影响着全球的气候变化。

想象一下，海水不断升温，会直接改变海洋生物栖息的生态环境，进而影响海洋生物生存、代谢、繁殖、发育等生命活动，伴随而来的是生物多样性明显下降和群落结构发生变化。作为海洋初级生产力的浮游植物"首当其冲"，比如，在升温明显的海域，一些不适应高温的藻类会大量死亡，硅藻、蓝藻等广温性浮游植物则会获得竞争优势从而占据更多的生存空间。

另一方面，海洋作为"固碳"主力军，吸收了人类活动排放的约三分之一的二氧化碳。伴随着温室气体的增加，海洋中溶解的二氧化碳浓度升高，造成的海水酸化也会加剧对海洋生物的影响。

不论是随波逐流的浮游植物、"不能动"的珊瑚，还是具有

温室气体

大气中能吸收地面反射的长波辐射，并重新发射辐射的一些气体，如水蒸气、氧化亚氮、甲烷、二氧化碳、大部分制冷剂等。它们能使地球表面变得更暖，类似于温室截留太阳辐射，并加热温室内空气的作用。

温室效应

是指透射阳光的密闭空间由于与外界缺乏热对流而形成的保温效应。对地球来说，太阳短波辐射可以透过大气射入地面，而地面增暖后放出的长波热辐射却被大气中的二氧化碳等温室气体所吸收，这样就使地表与低层大气温度增高。

自主行动能力的其他海洋生物，都无法躲开海洋"变酸变热"的威胁，海洋物种的多样化丰富度正在遭受严峻的考验。

现场试验和模型数据表明，作为海洋固碳"主力军"的硅藻会随着海水酸化增加而逐渐减少；夏季比目鱼、牙鲆和大西洋鳕鱼等的卵和早期幼虫的存活率也会因海水酸化而降低；南半球的海洋酸化会对蜗牛壳产生腐蚀作用，这些软体动物是太平洋中三文鱼的重要食物来源，其数量减少也会对三文鱼数量造成影响。组成海洋食物网中的任一环节"掉链子"，都可能导致海洋生态系统发生连锁反应。

全球变暖导致的冰川融化，也是一种巨大的资源损失，人类赖以生存的淡水资源中有85%是储存于冰川中的。冰川的快速消融会大大影响地球生态环境。

我们可以较为直观地了解到，冰川融化威胁到极地区域的北极熊、企鹅、海豹等生物的生存家园，就连空中鸟类的活动范围也受到影响。

对人类而言，冰川融水汇入海洋引起的海平面上升，直接威胁着世界各地的海岸线。2000年2月19日，位于太平洋的图瓦卢险些遭遇"灭顶之灾"。最高海拔只有4.5米的这个"弹丸小国"，在这一天海平面突然升至3.2米，吓得部分居民纷纷外迁。无独有偶，根据模型估算，随着海平面的不断上升，几十年后，有"人间天堂"之称的马尔代夫很可能会被淹没于海底。

一个更不好的消息：地球的气候变暖已进入加速状态，增温正在加速。从未来20年的平均温度变化来看，到本世纪末，全球温度升高预计将达到或超过1.5摄氏度。根据IPCC（联合国政府间气候变化专门委员会）第六次气候变化评估报告，全球温度升高1.5摄氏度时，高温热浪将增加，暖季将延长，而冷季将缩短；全球温度升高2摄氏度时，极端高温将更频繁地达到农业生产和人体健康的耐受阈值。

这背后发人深思的是，这波全球变暖的"罪魁祸首"可能是人类自己。人类的生产生活给地球带来不堪承受的碳排放，导致了这一系列连环效应。好在我们已经意识到问题的严重性，目前各个国家都致力于节能减排和倡导绿色能源的开发利用。

海洋会不会"热坏"尚无定论，但地球如果再这么持续热下去，肯定要出大问题。其实作为普通人，我们也可以为减少碳排放

做一些自己的贡献，比如随手关灯、关电器；在家里把浴缸改成淋浴、把吹干头发换成擦干头发、把烘衣服变成晾衣服，或者更多地选择绿色交通方式，比如骑自行车或步行上班。当然，我们还可以回收各种资源、做好垃圾分类等等。这些简单又力所能及的做法，没准可以帮助我们的地球变得"凉爽"一些呢。

海洋中的"蓝眼泪"

你见过在黑夜里会**"发光"的大海**吗？浪花浮动，带来蓝色萤光在海面舞动，让人仿佛置身梦幻的蓝色星河。蓝光由海而生，就像大海流出的眼泪，因而也被人称为"蓝眼泪"。可这"蓝眼泪"究竟是怎么发生的呢？

采集发光的海水，带回实验室分析，不难发现，"蓝眼泪"一般是由夜光藻发光形成的。夜光藻是一种海洋生物，属于甲藻，但它不能像大多数浮游植物一样进行光合作用，夜光藻可以靠体内的共生绿藻获取营养，或者纯异养生活。有趣的是，夜光藻也具有浮游动物的特征，具有鞭毛，能够运动。

"发光"的大海

电影《少年派的奇幻漂流》中有一片梦幻的"萤光海"，和漫天的星辰交相辉映，令人震撼。

和"蓝眼泪"不同，电影中的萤光海，是发光的水母引起的。海洋中有很多发光的生物，水母就是其中之一。

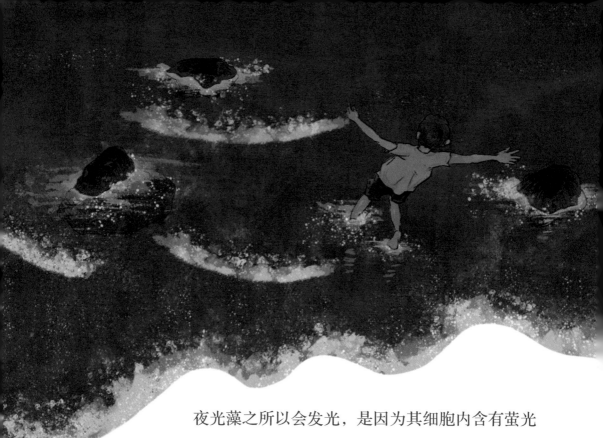

　　夜光藻之所以会发光，是因为其细胞内含有萤光素和萤光素酶，受到海浪拍打等外界干扰时，会发生生物化学反应并激发出蓝色生物萤光。尽管单个的夜光藻体积很小，肉眼几乎不可见，并且发出的蓝色萤光也很微弱，但是众多夜光藻聚集起来，就形成了一道奇特的景色——"蓝眼泪"。因此，"蓝眼泪"的亮度也与夜光藻的细胞密度有关。

　　不难想象，美丽的"蓝眼泪"背后，是夜光藻大量繁殖聚集形成了藻华。夜光藻藻华具有两面性，一方面："蓝眼泪"形成的奇观能够吸引观赏者的眼球，为海区带来传奇色彩，带动旅游业的发展；另一方面，当夜光藻大量繁殖时，它们会像其他类型的藻华一样，聚集、黏附在鱼鳃上致使鱼类窒息而死，进一步造成海洋生态环境的污染。

"蓝眼泪"只是藻华的一种，不同种类的浮游植物形成的藻华可以在海水中呈现红色、绿色、棕色甚至有一些是无色的。不过可千万别被这些色彩斑斓的"奇观"蒙蔽，颜色各异的藻华可谓海洋中的"沙尘暴"。首先，部分藻华可以分泌毒素，可直接威胁到海洋生物的生命安全，并有经食物链传递到人类餐桌上的风险，如麻痹性贝毒、腹泻性贝毒、西加鱼毒等；其次，藻类的高密度暴发，会堵塞鱼类的呼吸系统，造成鱼类的大面积死亡；而且，当藻华消退后，大量的藻类死亡，也会造成一定程度的海洋环境污染。

藻华的发生与海水富营养化、海水温度变化等因素关系密切。水体较温暖，水体中营养物质过量均有可能导致浮游植物大量增殖从而产生藻华。人类排放的工业废水或生活污水若处理不当，氮、磷等元素超标，是近岸藻华的诱因之一。而适应力强的藻类更容易在环境变化中竞争成功，形成藻华。例如可以自养、异养、兼性营养、寄生等多种营养方式生存的"多面手"——甲藻，一些甲藻还能够形成休眠包囊，这些包囊甚至能够在沉积物中存活 100 年以上。

　　"蓝眼泪"虽然美丽，却是大海对我们无言的诉说。大多数藻华的发生对海洋生态环境以及人类经济会产生不良影响。加强对海洋生态环境的保护，维持生态系统平衡，并非一日之功，海洋的美丽，需要我们一起守护！

深海里人类的痕迹——塑料微粒的"威力"

　　自19世纪人类发明了塑料，因其具有低成本、高稳定性、可塑性强等特点，塑料制造业飞速发展，如今，全球塑料产量仍呈持续增长状态，到2050年，全球塑料年产量预计将达11亿吨。可是，在给人类提供便利的同时，塑料因其难"降解"的特性，也给生态环境带来了污染。据估算，每年约有10%的塑料垃圾通过各种途径进入海洋，对海洋生态系统造成巨大威胁。

　　在三亚，人们曾经救助过一只天生轻度白化的绿海龟，并将其命名为"白雪"。然而，"白雪"在救助站接受了两年的康复训练回归大海后，仅半个月的时间，就又被渔民捕获并送回了救助站。在重访救助站期间，奇怪的事情发生了，虚弱的"白雪"持续不断地从体内排出大量塑料碎片，这种情况持续了七八个月之久。海龟"白雪"的遭遇，让我们直观地了解到塑料垃圾对海洋生物的伤害。而"白雪"的遭遇，在海洋中并非个例。

　　海洋中塑料的大量累积，会对海洋生态系统造成严重威胁。

其中，部分塑料垃圾能够直接阻塞海洋生物的肠道使其身体逐渐虚弱，或者缠绕海洋生物引起直接损伤甚至死亡；粒径较小的**微塑料**则更像是"隐形杀手"，威胁着整个生态系统。

微塑料

直径小于等于5毫米的塑料颗粒。

我们知道，海洋中有一些有机碳颗粒，如海洋生物的粪便、有机体等，会随着海洋微生物的降解，参与到物质再循环中，或者积累成"海雪"等大颗粒进而沉降、埋藏。而微塑料，体积细小，具有较强的吸附性，在海水中参与物质循环，为海洋病毒和海洋细菌等提供了一个个"小房子"，让它们可以快快乐乐地搬进去。

如果"眼神不好"的海洋生物，吃掉了微塑料聚集的颗粒，富集在上面的重金属、有机污染物、细菌和病毒等也可能趁机侵入它们的身体，大肆"搞破坏"。如果人类将这些海洋生物当成美食吃下去，微塑料以及有毒物质和病菌也有可能威胁人类的健康。除此之外，微塑料中含有或附着的化学物质也可能会危害到海洋生物的繁殖及发育，影响海洋生物的生活及健康。

根据专业研究组织估算，全球海底沉积的微塑料量大于800万吨。塑料对生物构成的威胁和对环境造成的污染，已经蔓延到了人迹罕至的海域。

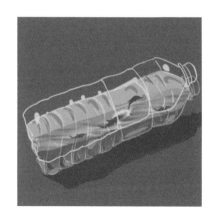

加拿大北部海域常年处在人迹罕至的寒冷地区，人们以为这里的海应该是纯净的。2019年，研究人员在加拿大北部兰开斯特海峡钻取冰芯样本，出人意料地发现：各种形状和大小的塑料珠和细丝已经侵入陈年冰芯之中。同样，北极熊的家园、科考人员也鲜有踏足过的北极区域，本应是一个不被污染的、纯净的、童话般的世界。可我们在北极海域的冰雪中，也一样发现了微塑料的身影。这些人类依靠数千年科技的进步积累才勉强抵达的地方，面世尚不足200年的塑料却能"捷足先登"，塑料带来的污染在以不可预料的速度侵蚀着我们赖以生存的家园。

作为地球的居民之一，我们要怎样才能减少塑料的使用，为环保做贡献呢？这里给大家介绍一个"3R"原则：就是减少使用（Reduce）、重复使用（Reuse）和回收利用（Recycle）。每个人的一小步，加起来是地球的一大步。如果你的小小努力，能让地球上的一只海龟生存在纯净的海洋里，这个努力是不是非常有意义呢？

海洋里的动物朋友

生活在美丽的地球上，人类从未停止对星空的仰望，渴望在茫茫宇宙中寻找到其他的生命。人类也没有惧怕海洋的深邃，一步一个脚印地踏浪探海。与逐梦太空不同的是，人类探秘海洋的过程，从不孤独。

聪明友善的海豚，欢快儒雅的蓝鲸，呆萌可爱的海豹，憨态可掬的企鹅，五彩斑斓的鱼儿摇晃着鱼尾引得一阵阵水波荡漾……

我们的探海之旅因为有了"海中精灵"们的参与，而有了更多的温度。在与海洋生物彼此靠近、相互了解的途中，人类也受到启发，有了很多意想不到的收获。

丹麦东部波罗的海附近有很多大大小小的岛屿，在其中航行十分不易。有一年春天，航海员突然发现一头巨鲸潜伏在港湾中，每当船只发动，它就跃起身来，在前面不紧不慢地领路。在它的带领下，出海的船只一艘艘顺利驶出危险海域。这只巨鲸仿佛适应了白天领航，晚上回归港湾休息的生活，主动成为过往船只的"领航

员"。为了表达谢意，船员往往把大筐的鱼投喂给它，并为其起名**"领航鲸"**。

在航海技术不发达的年代，"领航鲸"的存在给很多海员吃了"定心丸"。后来，人们观察发现，"领航鲸"其实并非个例。这类巨鲸喜欢群居生活，常常数百只一起活动，它们体长5~6米，多分布于太平洋和大西洋。我国黄海中南部、东海、南海也有分布，但数量较少。

自愿充当向导，为船只规避风险的领航鲸，只是人类"海洋朋友"中的一员。这些"亲密朋友"带给人类的惊喜与感动远不止于此。2005年，

领航鲸

领航鲸属哺乳纲、鲸偶蹄目、海豚科、领航鲸属，又名"巨头鲸"。喜欢活动在温带、热带海域。

海豚

对海豚科的一类水生哺乳动物的统称，为小型或中型齿鲸，广泛生活于世界各大洋，在内海及江河入海口附近的咸淡水中也有分布，个别种类见于内陆河流。通常喜欢群居，捕食鱼类、乌贼等。

新西兰北岛一行人准备游泳横穿海湾，结果一名成员在行进中不幸撞到礁石，伤口引来了凶猛嗜血的鲨鱼。危急时刻，一群**海豚**相继游来，将伤员包围，并用力甩动"翅膀"向鲨鱼"示威"，这阵势逼得鲨鱼只好灰溜溜地游开，由此成功救了伤者一命。

海豚为什么会救人？人们认为这一行为与海豚的习性有关。

作为哺乳动物，海豚会时不时浮出水面换气。群居生活的海豚很有爱心，它们会托起族群中的老弱和幼小，帮助它们浮出水面，久而久之这种乐于助人的习惯就培养了起来。所以，海豚会把水中不擅运动的物体托起，行动相对迟缓的乌龟都曾乘坐过"海豚"号升降机。也有研究认为，聪明的海豚能够感知人类的情绪，所以才会伸出援手。不论出于哪种原因，海豚一直是人类当之无愧的"海洋朋友"。

除了直接的救助和帮扶关系外，人类在和"海洋朋友"们日渐熟悉的过程中，也得到很多启发，有了很多了不起的创造发明呢。

2008年北京奥运会，身着第四代鲨鱼皮泳衣的菲尔普斯创纪录地夺得了八枚金牌。鲨鱼皮泳衣让游泳健儿们在各大国际比赛中百余次改写世界纪录。这款让所有游泳运动员为之疯狂的泳衣，核心技术就来自对鲨鱼皮肤的模仿。它让人们可以像鲨鱼一样，减小在水中的阻力，在拥有相同技术和体力的情况下，获得更快的游泳速度。

除鲨鱼外，还有不少海洋生物也在不同领域默默"发光发热"。水母是一种低等的海洋无脊椎浮游动物，它们的"耳朵"中有小小的听石，因此能捕捉到风暴产生时发出的次声波，所以在风暴来临前，它们会警惕地游向"避难所"。受此启发，人类模拟水母感受次声波的器官，成功设计了精密的"水母耳"仪器。该仪器可以提前15小时对风暴做出预报，对航海事业和渔业安全都有重要意义。此外，受到鲨的复眼启发，人类发明的电视摄影机能在激光下提供清晰度较高的电视影像，也为人类打开了光影新世界。

生命起源于海洋，人类的发展也与海洋密不可分，在人类对海洋探索的过程中，与海洋生物互助共赢的故事从未停止。保护海洋生态多样性，与可爱的"海洋朋友"和谐共生，是人类可持续发展的基础保障。

人海共生，珍惜地球最深沉的蓝

诗人，将大海比做母亲。我们在科考船上随着风浪轻轻摇摆，仿佛是婴儿依恋妈妈怀抱。海洋是生命的摇篮，人类自**"渔盐之利"**始，依海而兴，整个人类发展史也印证了向海图强的规律。人类和大海向来是密不可分的，如今，全球气候变化正深刻地影响着地球和人类，我们需要以全新的视角审视人海关系。

"渔盐之利"

"渔盐之利"、"行舟楫之便"：取自"兴渔盐之利，行舟楫之便"。"兴渔盐之利"是指开放手工业和商业，发展渔业盐业优势；"行舟楫之便"是指航海之利，人们巡游海上，获利四方。

近两百年以来，人类社会飞速发展，能源需求与日俱增，化石燃料燃烧产生的大量二氧化碳等气体滞留在大气中，造成了众所周知的"温室效应"。全球变暖引起海平面上升、极端天气事件增加等一系列的连锁反应。

"雪崩时，没有一片雪花是无辜的"。

人类不仅仅是气候变化的"承受者"，也是"参与者"。人类文明的发展史，也是人与自然关系的发展史。从我们的祖先赤足踏上海滩，人类就开始向海洋索取；在"大航海"时代，随着不同大陆间航线的开辟，人类认识了海洋的形状并**"行舟楫之便"**；但在航海科技逐渐壮大的19世纪中叶，人类曾有疯狂地向大海猎获高级资源的捕鲸时代；同样地，屡禁不止的工业污水入海等破坏海洋生态系统的行为也带来了一系列恶果，这让人类逐渐认识到，对海洋的野蛮索取是不可持续的。

除了人类对海洋生态的直接破坏，海洋也在缓解全球气候变化的行动中"受伤"。统计，1960—2021年，人为排放的二氧化碳总量约为4 700亿吨碳，其中约23%被海洋吸收。海水不仅有良好的二氧化碳溶解性，也因其比热高和体积庞大的特点，吸收了全球气候系统中增加热量的90%以上。

海洋是缓解全球变暖的"行动者"，这也为其自身的健康埋下了隐患。海水发生了物理和化学性质的改变，海水酸化、升温、脱氧等问题威胁着海洋生态系统的平衡，贝类、硅藻等以碳酸钙为外壳的海洋生物生长受阻碍，珊瑚因升温和酸化而白化，极地生物因海平面上升而栖息地受到威胁，部分海区甚至因氧气溶解度降低而成为低氧甚至无氧的"死亡区域"。

在科技大爆炸的今天，人类已经可以从太空回望这颗美丽的蓝色星球，海洋不再是神话、深海不仅只能存在于幻想中，"人海关系"中海洋的主导地位也逐渐发生了微妙的变化。

得益于人类对海洋基础科学知识的渴求和现代海洋科技的进步，我们对海洋的了解日益加深。我们不仅能绘制海岸线、海底地图，详细测算每一个大洋不同水深的生物、地理、化学特征，随着探索脚步的深入，我们将自动化设备投放海洋进行自主观测，甚至可以潜入万米海沟现场考察并获取珍贵样本。人类不再一味是海洋的索取者，我们是海洋的"探索者""建设者"和"保护者"。

近年来，在持续深耕建设海洋强国的政策指引和以海洋科技创新为动力的战略引导下，海洋科技蓬勃发展。以厦门大学海洋、环境、生态等相关学科群构建的"海陆空三维监测系统"为例，在海上，3 000吨级深远海科考船——"嘉庚"号，每年执行海上作业约200天，为认识海洋、探索海洋取得了大量的现场基础研究数据；在陆上，福建台湾海峡海洋生态系统国家野外科学观测研究站是开放共享的海峡—海湾—滨海湿地生态系统科学研究平台，兼具开展区域特色的海洋生物资源开发，以及生态环境保护和修复技术研发与应用的示范功能；在太空，海丝系列小卫星，可以全天时对海洋、海岸、陆地进行高分辨率成像观测，为全球海洋环境、灾害监测等提供高效率的对地遥感服务。

伴随着人类海洋科技力量的强化，海洋核心装备技术瓶颈的突破，海洋基础、前沿、战略技术储备的加强，海洋科技成果转化成效的提高，海洋已经成为人类生存与发展不可或缺的"蓝色伙伴"。

2022年11月，联合国宣布世界人口步入80亿时代。食物消耗加速，碳达峰、碳中和要求迫切，我们比想象的更需要海洋。以南大洋为例，2009年—2018年，南大洋南纬45°以南的海域的年均净吸碳量达5.3亿吨，是个天然的碳汇。同时，海洋目前吸收二氧化碳的量仅占其最大容量的15%，仍有高达85%的潜力有待挖掘，尤其是在广阔的深海大洋。基于海洋增汇思路，解决全球气候变化的方案是大有可为的。目前科技工作者们已探索了各种各样的增汇方案：保护和恢复红树林、海草床、盐沼等固碳效率极高的滨海蓝碳生态系统，经济海藻养殖固碳，海水碱化，海洋施肥增汇等。人类主导的海洋增汇，不仅可以缓解全球气候变化，还能够优化海洋生态环境，同时带来社会经济效益，终将形成"人海融合发展"的新局面。

海洋是人类的"蓝色伙伴"，是应对全球气候变化的"行动者"，也是人类协助解决气候问题的"出口"所在。推动发展海洋科技，合理开发海洋资源，保护海洋生态，促进人海和谐、融合发展，这是人类的机会，是地球的机会！